CHEMIE FÜR GYMNASIEN

Kunststoffe Farbstoffe Waschmittel

Ein Lehr- und Arbeitsbuch
für die Kollegstufe

bearbeitet von
Prof. Dr. Michael Schallies

C.C. Buchners Verlag · Bamberg

CHEMIE FÜR GYMNASIEN

Herausgegeben von Prof. Dr. Wolfgang Glöckner,
unter Beratung von Albert Fuhrmann und Eberhard Grziwok

Kunststoffe – Farbstoffe – Waschmittel
bearbeitet von Prof. Dr. Michael Schallies

1. Auflage 1 6 5 4 1999 96 93
Die letzte Zahl bedeutet das Jahr dieses Druckes.

Alle Drucke dieser Auflage sind, weil untereinander unverändert, nebeneinander benutzbar.

Zeichnungen und Einbandgestaltung: Alfred H. Kettmann, Bamberg

Gesamtherstellung: Universitätsdruckerei H. Stürtz AG, Würzburg

ISBN 3766163159

Vorwort

Das vorliegende Lehr- und Arbeitsbuch mit den Themen *Kunststoffe, Farbstoffe* und *Waschmittel* ist für den letzten Ausbildungsabschnitt des Leistungskurses Chemie in der reformierten Oberstufe an Gymnasien (Kollegstufe) bestimmt.
Kunststoffe, Farbstoffe und Waschmittel sind wichtige Produkte der chemischen Großindustrie. Schon daraus ergeben sich für die didaktisch-methodische Konzeption dieses Bandes besondere Aspekte.
Im Vordergrund stehen die praktische Anwendung von Forschungsergebnissen sowie die Übertragung chemischer Denkweisen und Arbeitstechniken auf technologische Probleme.
Einzeltatsachen über Kunststoffe, Farbstoffe und Waschmittel sind den Kollegiaten aus früheren Ausbildungsabschnitten bekannt. Darauf aufbauend vermittelt der Text Informationen, die ein tieferes Verständnis für Zusammenhänge ermöglichen.
Die eingearbeiteten zahlreichen Aufgaben können dazu neben der Lernzielkontrolle und Übung weitere Hilfestellung leisten.
Ein hoher Stellenwert wird dem Experimentieren zugemessen. Alle vorgeschlagenen Versuche sind ohne großen apparativen und zeitlichen Aufwand auch von den Kollegiaten leicht durchzuführen, allerdings unter strenger Beachtung der Gefahrenhinweise. Dabei wird eine gewisse Erfahrung in der Experimentiertechnik vorausgesetzt: Umsicht bei der Planung und Vorbereitung von Versuchen, Sicherheit im Umgang mit Geräten und Chemikalien und schließlich die sinnvolle Auswertung der Versuche.
Für wertvolle Ratschläge bei der Abfassung und Gestaltung dieses Bandes danke ich den Herren *A. Fuhrmann, W. Glöckner* und *E. Grziwok;* für bereitwillige und gute Zusammenarbeit danke ich Herrn *H. Sykora* vom Verlag.

Heidelberg, im Frühjahr 1980 Michael Schallies

Inhaltsverzeichnis

Bildnachweis:

Die Vorlagen für die Fotografien stellten zur Verfügung:

BASF, Ludwigshafen; Edwards Laboratories Inc; Farbwerke Hoechst AG, Frankfurt; F. Füller, Passau; Henkel und Cie GmbH, Düsseldorf; M. Schallies, Heidelberg; F. Schüß, Bischberg; Verlagsarchiv.

Kunststoffe

Erforderliche Kenntnisse und Fähigkeiten

Methoden der qualitativen und quantitativen Analyse organischer Verbindungen; Methoden der Molekülmassenbestimmung; Isomeriearten

Abb. 1.1. *Hermann Staudinger* (1881 bis 1965), Begründer der makromolekularen Chemie

1. Natürliche und künstliche Makromoleküle

Versuche

1. Zur qualitativen Analyse wird eine Kunststoffprobe trocken im Reagenzglas erhitzt. Entstehende Gase werden mit Universalindikatorpapier, entstehende Flüssigkeiten mit Cobaltchloridpapier untersucht.
2. Etwas PVC-Pulver wird in die Öse eines ausgeglühten und gebogenen Kupferdrahtes gebracht und in die nichtleuchtende Bunsenbrennerflamme gehalten.
3. Ein Gummistück wird im Reagenzglas trocken erhitzt. Entstehende Gase werden mit Bleiacetatpapier untersucht.

Die Mehrzahl der organischen Substanzen sowie die meisten großtechnisch hergestellten synthetischen Produkte bestehen aus Molekülen mit sehr großer Molekülmasse. Dazu gehören z. B. Materialien und Gegenstände aus den unterschiedlichsten Verwendungsbereichen: Kleidungsstoffe, Baumaterialien, Nahrungsmittel, Haushaltsapparate, Werkzeuge, Spielwaren und vieles andere mehr.

1.1. Der Begriff des Makromoleküls

Riesenmoleküle mit einer Molekülmasse von mehr als 10000 u bezeichnet man allgemein als **Makromoleküle.** Es handelt sich meist um typisch „organische Stoffe". Der Name „Makromolekül" geht auf *Staudinger* zurück, der sich in den zwanziger Jahren dieses Jahrhunderts mit der Aufklärung von Strukturen solcher Stoffe beschäftigte. Eines seiner wichtigsten Forschungsergebnisse war die Erkenntnis, daß Makromoleküle aus kleinen, sich wiederholenden Bausteinen bestehen, deren Atome durch kovalente Bindungen verknüpft sind.

Der Aufbau aus Grundbausteinen ist allen natürlich vorkommenden Makromolekülen gemeinsam und läßt sich leicht nachweisen. Durch Hydrolyse gewinnt man z. B. aus Eiweißen Aminosäuren, aus Polysacchariden Monosaccharide, aus Nucleinsäuren Nucleotide.

Die Strukturaufklärung von Makromolekülen ist mit sehr großen Schwierigkeiten verbunden. Dies hängt mit den außerordentlich zahlreichen Isomeriemöglichkeiten zusammen, die bei Molekülen mit großer Molekülmasse bestehen. Das folgende Beispiel verdeutlicht diesen Sachverhalt:

Ein kleines Protein der Molekülmasse 10000 u ist aus 100 Aminosäuren aufgebaut. Da 20 verschiedene Aminosäurebausteine vorkommen können, sind 20^{100}, das entspricht 10^{130}, verschiedene Möglichkeiten der Aminosäuresequenz dieses Proteins denkbar.

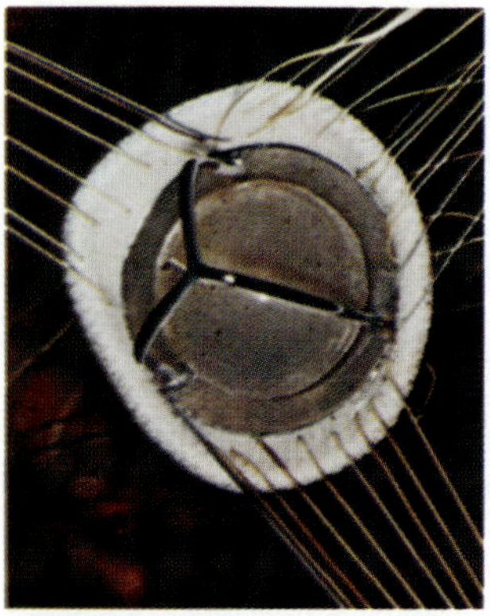

Abb. 2.1. Künstliche Herzklappe. Alle verwendeten Teile sind aus Kunststoffen hergestellt.

Bei kleineren Molekülen hingegen kann schon die quantitative Analyse zusammen mit physikalisch-chemischen Konstanten (Smp, Sdp) genaue Angaben über Aufbau und Struktur einer Verbindung ermöglichen.
Natürlich vorkommende Makromoleküle wie z.B. pflanzliche und tierische Fasern sind zur Herstellung von Kleidungsstoffen schon frühzeitig verwendet worden. Seide ist einer der ältesten textilen Faserstoffe. Ihre Gewinnung war bis in das 9. Jahrhundert in China streng gehütetes Geheimnis.

Aufgaben

1. Aus welchen natürlichen Makromolekülen sind Schafwolle bzw. Baumwolle aufgebaut?
2. Kann man Polypeptide als Makromoleküle bezeichnen?

1.2. Der Kunststoffbegriff

Die Entdeckung, daß sich natürlich vorkommende Makromoleküle durch chemische Reaktionen in ihren Eigenschaften verändern lassen, leitete eine stürmische Entwicklung eines neuen Industriezweiges ein, die bis zum heutigen Tag unverändert anhält: die Kunststoffindustrie. Ende des 19. Jahrhunderts wurde der erste *Kunststoff* aus einem Naturstoff hergestellt. Durch Nitrieren von Cellulose gewann man Cellulosenitrat, das durch Mischen mit Campher als Weichmacher zum Handelsprodukt *Celluloid* wurde. Ein weiterer Kunststoff, *vulkanisierter Gummi,* ist ein Reaktionsprodukt aus Schwefel mit Naturkautschuk.

Nach diesen mehr zufälligen Ergebnissen chemischen Experimentierens ermöglichten es erst die Arbeiten *Staudingers,* durch gezielte Reaktionen **vollsynthetische Kunststoffe** herzustellen.

Heute werden Kunststoffe als Materialien definiert, deren wesentliche Bestandteile aus makromolekularen organischen Verbindungen bestehen, die durch Abwandeln von Naturstoffen oder durch Synthese erhalten werden.

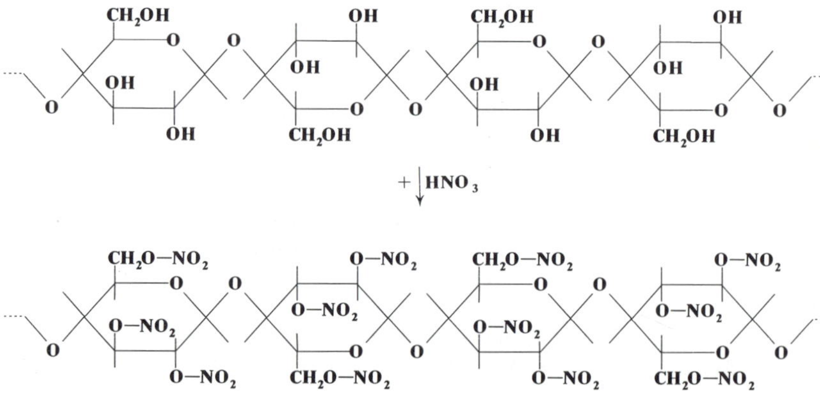

Nitrierung von Cellulose zu Cellulosenitrat

Aufgaben

1. Ist der Name „Nitrocellulose“ mit dem chemischen Aufbau von Cellulosenitrat vereinbar?

2. Welche gefährliche Eigenschaft ergibt sich für Celluloid aus dem Aufbau von Cellulosenitrat?

Abb. 3.1. Segel aus Nylon.

1.3. Kurze Kunststoffgeschichte

Die moderne Kunststoffindustrie produziert in sehr großen Mengen eine fast unüberschaubare Vielfalt an Kunststoffen für die unterschiedlichsten Anwendungsbereiche.

Einen Überblick über wichtige Namen und Daten im Zusammenhang mit Kunststoffen gibt die nachfolgende Tabelle:

Tab. 3.1. Einige wichtige Daten zur Kunststoffentwicklung

1839	Goodyear	Vernetzung von Kautschuk mit Schwefel (Vulkanisierung)
1869	Hyatt	Technische Produktion von Celluloid
1884	Chardonnet	Synthese von Nitroseide
1904	Baekeland	Synthese von Phenol-Formaldehyd-Formmassen
1909	Baekeland	Technische Produktion von Bakeliten
1912	Klatte	Grundlagen zur Herstellung von PVC und Polyvinylacetat
1915	Bayer, **BASF**	Synthese von Dimethylbutadien-Kautschuk
1922	Staudinger	Begründer der makromolekularen Chemie („Makromoleküle“)
1926	Konrad	Synthetischer Kautschuk BUNA
1928	Röhm	Plexiglas®
		Beginn der PVC-Produktion in den USA
1930	**IG Farben**	Produktion von Polystyrol, Polyacrylnitril
1931	Carothers	Polyamidsynthesen
1933	Fawcett, **ICI**	Hochdruck-Polyethen
	Carothers	Polyamid 6,6 (Nylon®)
1937	**Du Pont**	Produktionsbeginn Nylon®
1938	Schlack	Perlon®-Fasern aus Caprolactam
1946	Whinfield, Dickson	Lineare Polyester (Dacron®, Terylen®)
1953	Philips, Ziegler	Niederdruck-Polyethen
	Natta, Ziegler	Stereospezifische Polymerisation
1955	**Hoechst**	Produktionsbeginn Niederdruck-Polyethen
1957	**Hoechst**	Polypropen

Abb. 3.2. Styropor, ein wärmedämmender Kunststoff im Baugewerbe.

2. Kunststoffsynthesen

Erforderliche Kenntnisse und Fähigkeiten

Funktionelle Gruppen und ihre Eigenschaften; induktiver und mesomerer Effekt; Ablauf chemischer Vorgänge: Reaktionsmechanismen (Ionenmechanismus, radikalischer Mechanismus); Konfiguration.

2.1. Bausteine

Kunststoffe lassen sich durch *Polyreaktion* von niedermolekularen Bausteinen oder Monomeren[1] herstellen.

[1] von *monos* (griech.) = allein, einzig und von *meros* (griech.) = Teil

Als Monomere reagieren:

1. Moleküle mit mindestens einer reaktionsfähigen Doppelbindung.

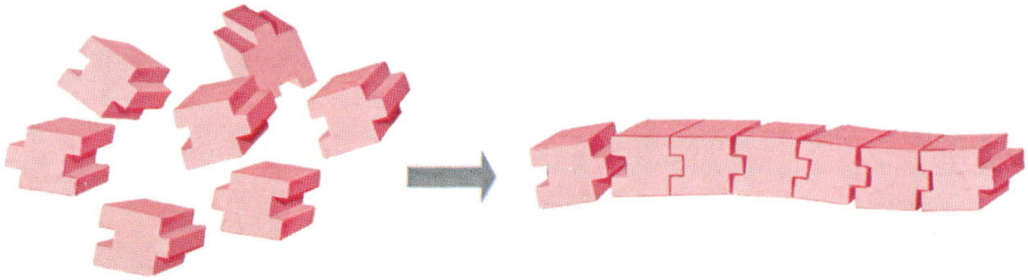

2. Moleküle mit reaktionsfähigen funktionellen Gruppen unter Abspaltung niedermolekularer Nebenprodukte (wie Wasser, Ammoniak, Chlorwasserstoff).

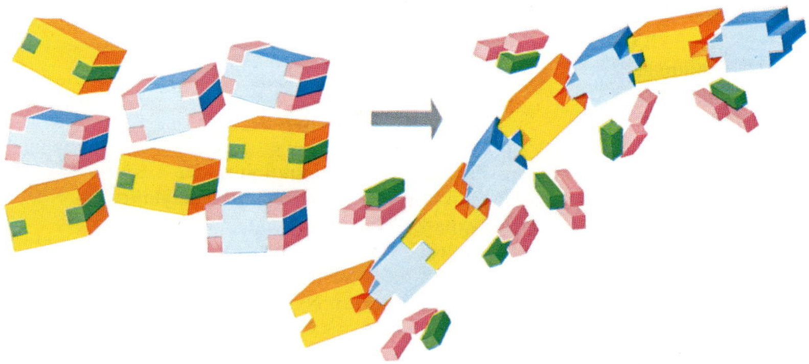

3. Moleküle mit reaktionsfähigen funktionellen Gruppen **ohne** Abspaltung von Nebenprodukten. Dabei werden Wasserstoffatome übertragen.

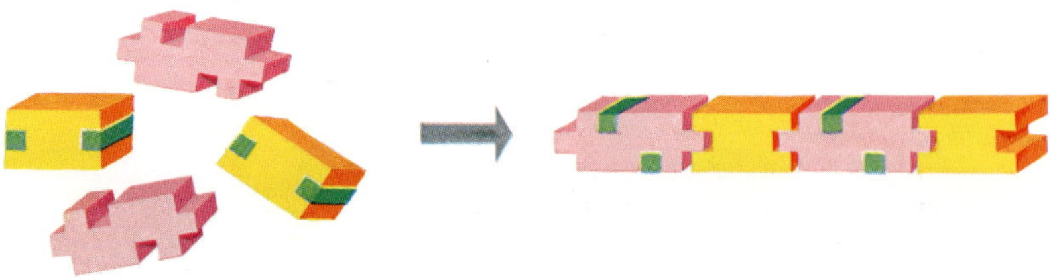

Reagiert nur eine Monomerenart, ist das entstehende Produkt ein **Homopolymer;** werden zwei verschiedene Monomerbausteine umgesetzt, entsteht ein **Copolymer.**

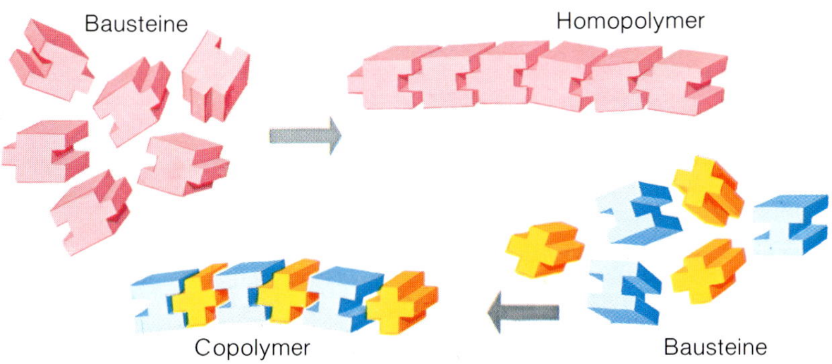

Aus Monomeren mit zwei Verknüpfungsmöglichkeiten entstehen **lineare Makromoleküle.** Drei Verknüpfungsmöglichkeiten eines Bausteins führen hingegen zu **verzweigten Makromolekülen** oder großen Molekülnetzen, die man als **Harze** bezeichnet.

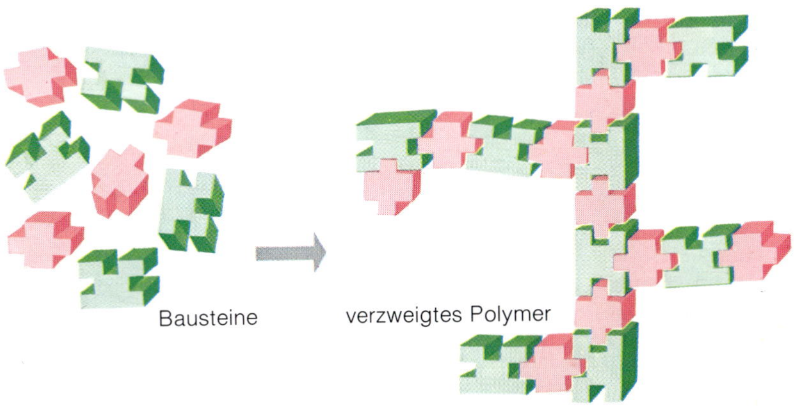

2.2. Reaktionsarten

Versuche

1. 15 g Methacrylsäuremethylester werden in ein Reagenzglas gefüllt und mit 0,8 g Dibenzoylperoxid homogen verrührt. Anschließend hängt man das Reagenzglas etwa 20 Minuten in ein Wasserbad von 60 °C. **Vorsicht! Abzug!**

2. 5 g Harnstoff gibt man in ein 250-ml-Becherglas und versetzt mit 15 ml 40%iger Formaldehydlösung. Dann versetzt man mit 1,5 ml konz. Salzsäure und rührt mit dem Holzspatel kurz um.

3. 1,5 g Resorcin werden in 2,5 ml Wasser gelöst und mit der gleichen Menge 40%iger Formaldehydlösung versetzt. Dann gibt man drei Tropfen Natronlauge von der Konzentration $c \approx 5$ mol/l zu. **Vorsicht! Schutzbrille!**

Abb. 6.1. „Nylonseiltrick“

4. 4,5 g Dimethyldichlorsilan und 1,95 g Methyltrichlorsilan löst man in 50 ml Ether und gießt anschließend die Lösung auf 100 g feingemahlenes Eis. Von der entstehenden Flüssigkeit wird das überschüssige Wasser abgetrennt und der Ether abgedampft. **Vorsicht! Abzug!**

5. 3,0 ml Sebacinsäuredichlorid in 50 ml Tetrachlorkohlenstoff werden vorsichtig mit einer Lösung von 4,4 g Hexamethylendiamin und 0,8 g Natriumhydroxid in 50 ml Wasser überschichtet. Aus der Grenzfläche der nicht mischbaren Flüssigkeiten wird das Produkt mit einer Pinzette herausgezogen und als Faden auf einen Glasstab aufgewickelt („Nylonseiltrick“).

6. Ein Metallformkörper wird mit vorgeschäumten Polystyrolperlen zur Hälfte gefüllt und etwa 10 Minuten in ein siedendes Wasserbad gehängt. Nach dem Abschrecken unter fließendem Kaltwasser kann das fertige Formteil entnommen werden.

7. Gleiche Mengen von Desmophen® und Desmodur® werden in einen Pappbecher gegeben und mit dem Holzspatel homogen verrührt. Vorsicht, Diisocyanate (Desmodur) sind giftig! Nicht auf die Haut bringen!
Vorsicht! Abzug!

Abb. 6.2. Gebrauchsgegenstände aus Polyethen.

2.2.1. Polymerisation

Bei der Reaktionsart der Polymerisation nützt man die Reaktivität von Doppelbindungen aus.

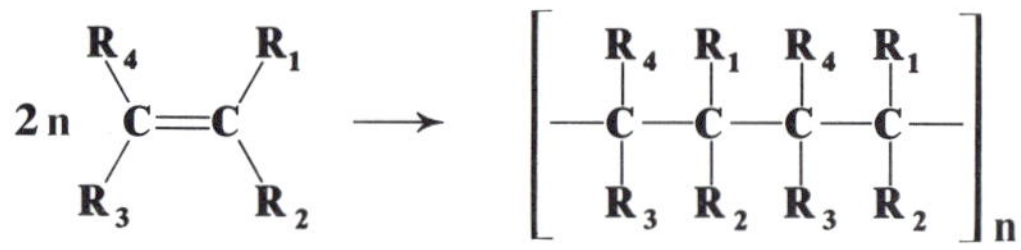

In einer Kettenreaktion bilden gleichartige Monomere mit Doppelbindung ein Polymeres. Das Endprodukt hat die gleiche prozentuale Zusammensetzung wie der Ausgangsstoff.
Den Aufbau von Polymerisationskunststoffen zeigt Tab. 6.1.

Abb. 6.3. Gebrauchsgegenstände aus Polypropen.

Tab. 6.1. Aufbau einiger Polymerisationskunststoffe

Name	Grundbaustein (Monomer)	Grundstruktur des Polymeren	Handelsnamen
Polyethen (Polyethylen)	n C=C →	[–C–C–C–C–]$_n$	Hostalen® Lupolen® Vestolen®
Polypropen (Polypropylen)	n C=C(CH$_3$) →	[–C–C(CH$_3$)–C–C(CH$_3$)–]$_n$	Hostalen PP® Vestolen®
Polyvinylchlorid	n C=C(Cl) →	[–C–C(Cl)–C–C(Cl)–]$_n$	Hostalit® Vestolit®

Polyacryl-nitril	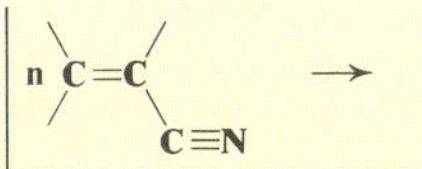	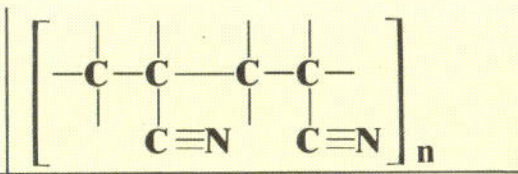	Orlon® Dralon®
Polystyrol	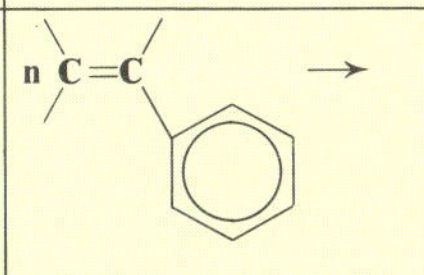	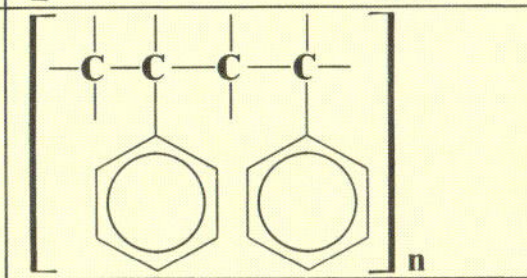	Styropor® Vestyron® Hostyren®
Polymeth-acrylsäure-methylester	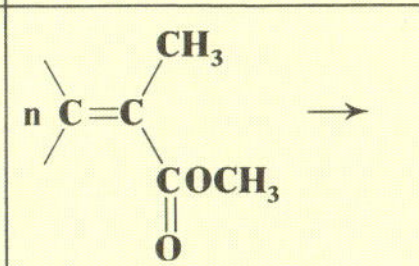	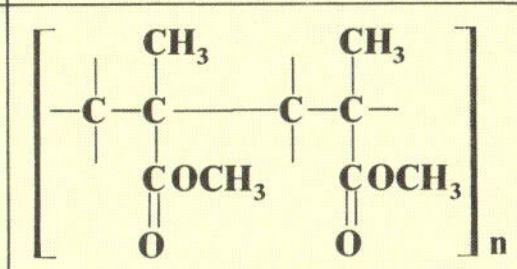	Plexiglas®
Polytetra-fluorethen	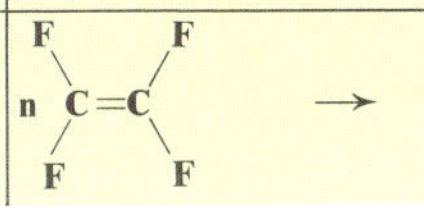	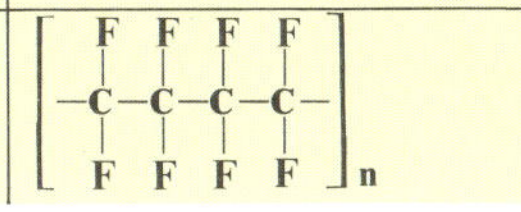	Teflon® Hostaflon®

Abb. 7.1. Gebrauchsgegenstände aus Polystyrol.

Aufgaben

1. Eignen sich Butadien und Isopren (Methylbutadien) als Polymerisationsbausteine? Begründung!
2. Formuliere die Grundstruktur von Polyvinylacetat.

2.2.2. Polykondensation

Durch diese Reaktionsart werden bei der Verknüpfung der Monomeren kleinere Moleküle abgespalten. Daher weicht die Zusammensetzung der Polymeren geringfügig von der Zusammensetzung der Ausgangsstoffe ab. Den Aufbau einiger Polykondensationskunststoffe zeigt Tab. 8.1.

In das Grenzgebiet organischer Polykondensationskunststoffe fallen auch die *Silicone*. Sie werden durch Hydrolyse von Dimethyldichlorsilan mit Wasser und anschließende Polykondensation gewonnen.

$$n\ Cl-\underset{CH_3}{\overset{CH_3}{\underset{|}{\overset{|}{Si}}}}-Cl \xrightarrow{2n\ H_2O} n\ HO-\underset{CH_3}{\overset{CH_3}{\underset{|}{\overset{|}{Si}}}}-OH \ + \ 2\ HCl$$

Dimethyldichlorsilan → Dimethylsilanol

$$n\ HO-\underset{CH_3}{\overset{CH_3}{\underset{|}{\overset{|}{Si}}}}-OH \xrightarrow{-\,n H_2O} \left[-\underset{CH_3}{\overset{CH_3}{\underset{|}{\overset{|}{Si}}}}-O-\underset{CH_3}{\overset{CH_3}{\underset{|}{\overset{|}{Si}}}}-O-\right]_n$$

Dimethylsilanol → Silicon

Abb. 7.2. Objektträger, imprägniert mit Silicon. Das Silicon verhindert das Zerfließen des Tropfens.

Tab. 8.1. Aufbau einiger Polykondensationskunststoffe

Kunst-stoff-typ	Grundbausteine	Grundstruktur des Polymeren	Beispiel
lineare Poly-ester	Diol $n\,HO-R-OH$ + $n\,HOOC-R'-COOH$ Dicarbonsäure $\xrightarrow{-n\,H_2O}$	$\left[-O-R-O-\overset{O}{\overset{\Vert}{C}}-R'-\overset{O}{\overset{\Vert}{C}}-\right]_n$	Ethylenglycol $HO-CH_2-CH_2-OH$ + 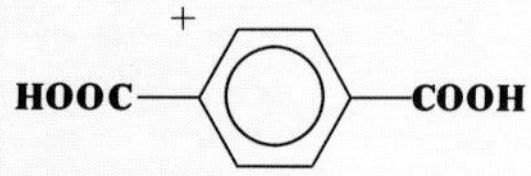 Terephthalsäure →Trevira® →Diolen®
Poly-amid	Diamin $n\,H_2N-R-NH_2$ + $n\,HOOC-R'-COOH$ Dicarbonsäure $\xrightarrow{-n\,H_2O}$	$\left[-\overset{O}{\overset{\Vert}{C}}-R'-\overset{O}{\overset{\Vert}{C}}-\underset{H}{\underset{\vert}{N}}-R-\underset{H}{\underset{\vert}{N}}-\right]_n$	Hexamethylendiamin $H_2N-(CH_2)_6-NH_2$ + $HOOC-(CH_2)_4-COOH$ Adipinsäure →Nylon®
Phenol-harz	Formaldehyd $n\ H_2C{=}O$ + 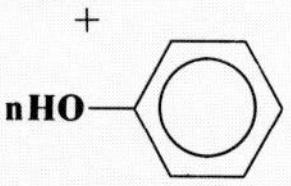 Phenol $\xrightarrow{-n\,H_2O}$	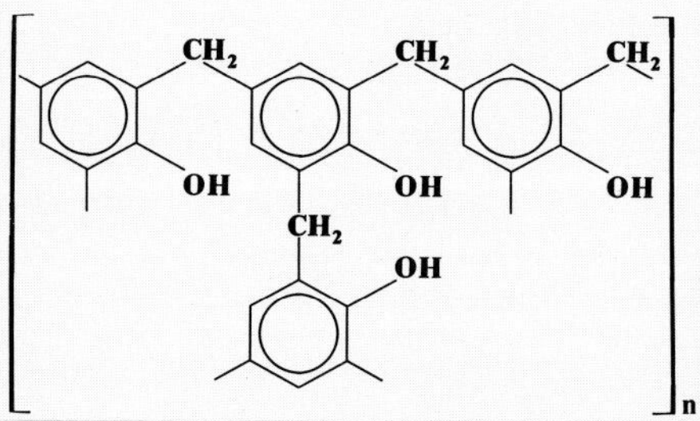	→ Bakelit
Amino-harz	Formaldehyd $n\ H_2C{=}O$ + $n\,H_2N-\underset{NH_2}{\underset{\vert}{R}}-NH_2$ Triaminoverbindung $\xrightarrow{-n\,H_2O}$	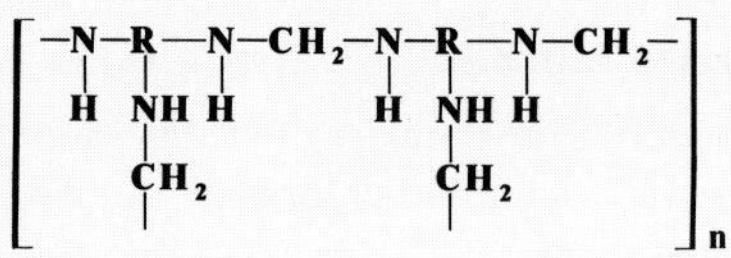	Formaldehyd $H_2C{=}O$ + 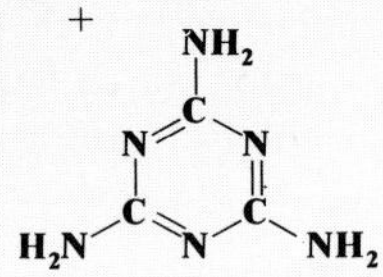 Melamin →Resopal®
Poly-carbo-nat	Diol $n\,HO-R-OH$ + $n\,Cl-\underset{O}{\underset{\Vert}{C}}-Cl$ Phosgen $\xrightarrow{-n\,HCl}$	$\left[-O-\underset{O}{\underset{\Vert}{C}}-O-R-O-\underset{O}{\underset{\Vert}{C}}-O-R-\right]_n$	Bisphenol A 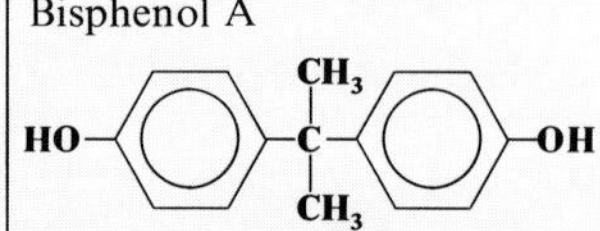 + $Cl-\underset{O}{\underset{\Vert}{C}}-Cl$ Phosgen →Makrolon®

Aufgaben

1. Formuliere die Reaktion von Maleinsäure mit Ethandiol. Welcher Kunststoff entsteht?
2. Weshalb kann dieses Produkt noch weiter polymerisiert werden?
3. Aus Adipinsäure und Hexamethylendiamin entsteht Nylon. Formuliere den Reaktionsverlauf für die Polyreaktion.
4. Durch Polyreaktion gewinnt man aus 11-Aminoundecansäure eine Faser von hoher Qualität. Formuliere die Reaktionsgleichung. Um welche Reaktionsart handelt es sich?

2.2.3. Polyaddition

Diese Reaktionsart tritt bei Umsetzungen von **Diisocyanaten** mit **Diolen** oder **Diaminen** auf. Dabei werden Wasserstoffatome übertragen.
Als Produkte entstehen *Urethane*[1] bzw. *Polyharnstoffe:*

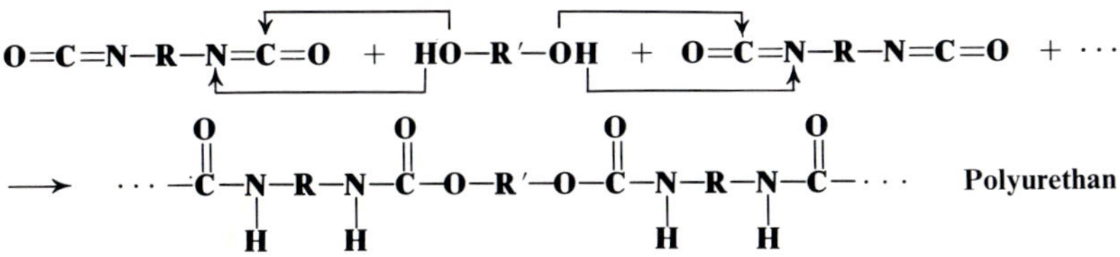

Polyurethan

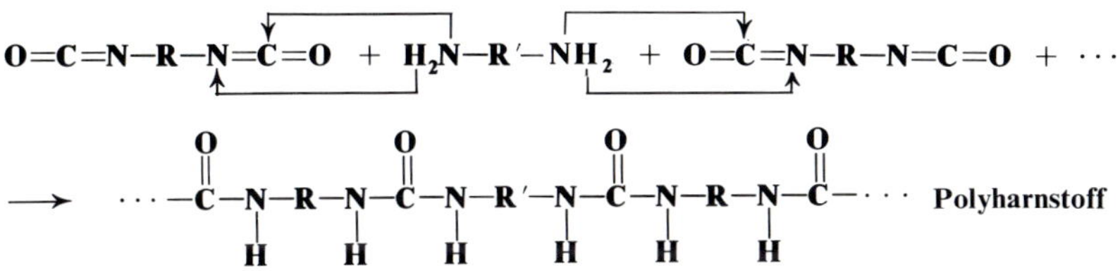

Polyharnstoff

[1] Urethane sind Ester der Carbamidsäure und leiten sich somit von Kohlensäure ab.

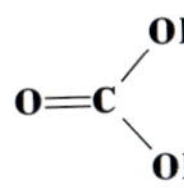

Kohlensäure

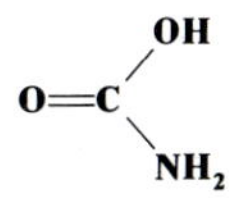

Carbamidsäure (= Kohlensäuremonoamid)

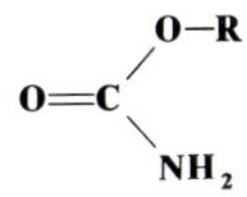

Urethan

Durch die Zugabe von Wasser oder Carbonsäuren zu Isocyanaten wird Kohlendioxid freigesetzt:

$$\mathrm{R{-}N{=}C{=}O} \quad + \quad \mathrm{H_2O} \quad \longrightarrow \quad \mathrm{R{-}NH_2} \quad + \quad \mathrm{CO_2}\uparrow$$

$$\mathrm{R{-}N{=}C{=}O} \quad + \quad \mathrm{R'{-}COOH} \quad \longrightarrow \quad \mathrm{R{-}N(H){-}C({=}O){-}R'} \quad + \quad \mathrm{CO_2}\uparrow$$

Das freiwerdende Kohlendioxid führt zur Blasenbildung innerhalb eines Reaktionsgemisches. Daher entstehen bei der Polyaddition **Schaumstoffe,** wenn die Synthese mit Zusatz von etwas Wasser oder Carbonsäuren ausgeführt wird.
Eine andere universellere Möglichkeit der Schaumstoffherstellung beruht auf der Zugabe inerter, niedrig siedender Treibmittel wie z. B. Petrolether oder Isopentan zu den Reaktionsgemischen. Alle Schaumkunststoffe zeichnen sich durch eine sehr niedrige Wärmeleitfähigkeit aus und werden daher als Isoliermaterial verwendet.

Aufgaben

1. Wie könnte man verzweigte Polyurethane herstellen?
2. Welche funktionelle Gruppe kommt neben der Urethangruppe in Polyurethanschaumstoffen noch vor? (Vgl. Tab. 10.1.)

Tab. 10.1. Aufbau einiger Polyadditionskunststoffe

Kunststofftyp	Grundbausteine	Grundstruktur der Polymeren	Beispiel
Polyurethan	Diisocyanat $n\,O{=}C{=}N{-}R{-}N{=}C{=}O$ + $n\,HO{-}R_1{-}OH$ Diol	$\rightarrow$ $\left[-O-R_1-O-\overset{O}{\overset{\Vert}{C}}-\underset{H}{N}-R-\underset{H}{N}-\overset{O}{\overset{\Vert}{C}}-\right]_n$	Hexamethylendiisocyanat $O{=}C{=}N{-}(CH_2)_6{-}N{=}C{=}O$ + $HO{-}(CH_2)_4{-}OH$ Butandiol-(1,4) →Perlon U®
Polyharnstoff	Diisocyanat $n\,O{=}C{=}N{-}R{-}N{=}C{=}O$ + $n\,H_2N{-}R_1{-}NH_2$ Diamin	$\rightarrow$ $\left[-\overset{H}{N}-R_1-\underset{H}{N}-\overset{O}{\overset{\Vert}{C}}-\underset{H}{N}-R-\underset{H}{N}-\overset{O}{\overset{\Vert}{C}}-\right]_n$	$\left[-\underset{H}{N}-\overset{O}{\overset{\Vert}{C}}-\underset{H}{N}-(CH_2)_9-\right]$ Urylon®
Polyurethan-Schaumstoff	Diol $n\,HO{-}R_1{-}OH$ + $n\,O{=}C{=}N{-}R{-}N{=}C{=}O$ Diisocyanat bzw. Diisocyanat $n\,O{=}C{=}N{-}R{-}N{=}C{=}O$ + $n\,HOOC{-}R_2{-}COOH$ Dicarbonsäure	$\rightarrow$ $\left[-O-R_1-O-\overset{O}{\overset{\Vert}{C}}-\underset{H}{N}-R-\underset{H}{N}-\overset{O}{\overset{\Vert}{C}}-\right]_n$ bzw. $\rightarrow$ $\left[-\overset{O}{\overset{\Vert}{C}}-\underset{H}{N}-R-\underset{H}{N}-\overset{O}{\overset{\Vert}{C}}-R_2-\underset{O}{\underset{\Vert}{C}}-\overset{H}{N}-R-\right]_n + CO_2\uparrow$	Desmodur 14® 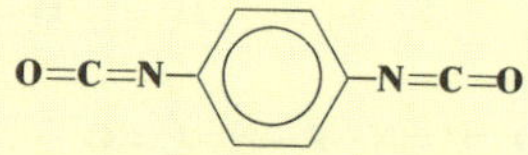 + $HO{-}CH_2{-}(O{-}CH_2)_n{-}OH$ Desmophen® →Moltopren®

2.3. Wichtige Reaktionsmechanismen

Versuche

Vorsicht! Abzug!

1. In einem Reagenzglas werden 10 ml Styrol mit 2 g Dibenzoylperoxid versetzt und vorsichtig auf dem Wasserbad erhitzt.

Vorsicht!

2. Zu 10 ml Styrol gibt man 5 Tropfen konz. Schwefelsäure und erhitzt langsam auf dem Wasserbad.

Vorsicht!

3. Einige ml frisch destilliertes Styrol werden mit einem erbsengroßen Stück Natrium versetzt und vorsichtig erwärmt.

Vorsicht! UV-Strahlung!

4. 10 g Butandiolmonoacrylat werden in eine Glasschale gegeben. Man löst 0,1 g Benzophenon in der Probe. Anschließend wird mit der Quecksilberdampflampe aus kurzem Abstand belichtet.

2.3.1. Radikalische Polymerisation

In einem Monomeren mit einer Kohlenstoff-Kohlenstoff-Doppelbindung kann die π-Bindung leicht durch ein Startradikal aufgespalten werden. Dadurch entsteht ein *aktives Zentrum.*

Startreaktion: $H_2C{=}CH_2 + R\bullet \longrightarrow R{-}CH_2{-}CH_2\bullet$

Startradikal (R•) — aktives Zentrum ($R{-}CH_2{-}CH_2\bullet$)

Wirksame Starter entstehen aus Molekülen, die durch Wärmeenergiezufuhr, elektromagnetische Strahlung oder bei Redoxreaktionen homolytisch in Radikale zerfallen.
Thermischer Zerfall kann z. B. bei organischen Peroxiden oder Azoverbindungen auftreten:

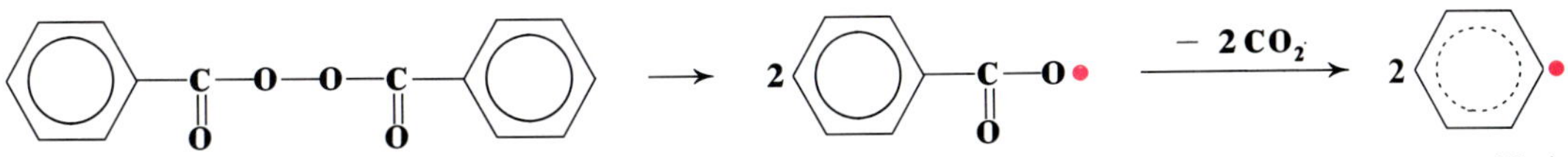

Dibenzoylperoxid — Startradikal

Photolyse beobachtet man beim Bestrahlen von Azoverbindungen:

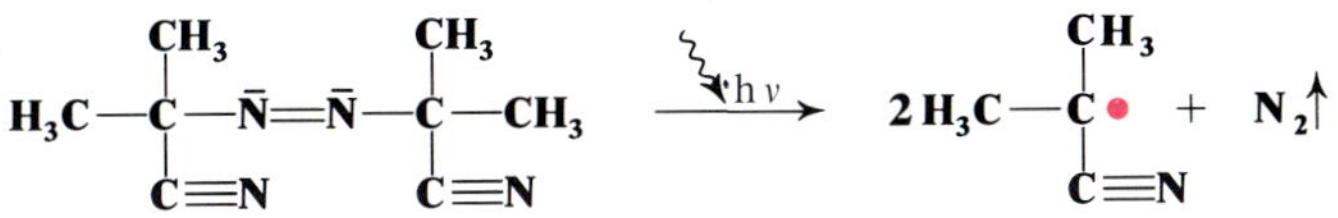

Azodiisobutyrodinitril — Startradikal

Auch ionisierende Strahlung (z. B. γ-, Röntgen-Strahlung) kann für die Startreaktion benutzt werden. Ebenso liefern Redoxreaktionen Startradikale:

$$H_2O_2 + Fe^{2+} \longrightarrow Fe^{3+} + OH^- + OH\bullet$$

Startradikal ($OH\bullet$)

Wachstumsreaktion: Die Reaktion eines aktiven Zentrums mit einem weiteren Monomeren führt zu *Kettenwachstum.* Das aktive Zentrum bleibt erhalten und wird auf die nächste Monomereneinheit übertragen.

$$R{-}CH_2{-}CH_2\bullet + CH_2{=}CH_2 \longrightarrow R{-}CH_2{-}CH_2{-}CH_2{-}CH_2\bullet$$

neues aktives Zentrum

Auf diese Weise entstehen *lineare Polymere.* Theoretisch könnte die Kette weiterwachsen, bis alle Monomere verbraucht sind. In Wirklichkeit erfolgt rasch ein Kettenabbruch.
Kettenabbruchreaktionen: Die häufigste Abbruchreaktion ist die Kombination zweier aktiver Zentren:

$$R_1{-}CH_2{-}CH_2\bullet + \bullet CH_2{-}CH_2{-}R_2 \longrightarrow R{-}CH_2{-}CH_2{-}CH_2{-}CH_2{-}R_2$$

Auch *Disproportionierung beendet das Kettenwachstum:*

$$R_1{-}CH_2{-}CH_2\bullet + \bullet CH_2{-}CH_2{-}R_2 \longrightarrow R_1{-}CH{=}CH_2 + CH_3{-}CH_2{-}R_2$$

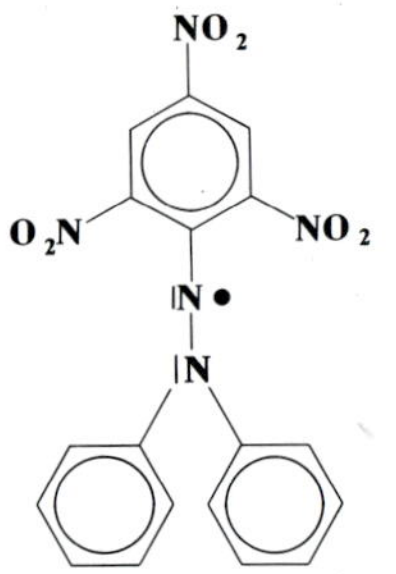

Diphenylpikrylhydrazyl

Die radikalische Kettenreaktion kann auch durch *Inhibitoren* gestoppt werden. Unter Inhibitoren versteht man schwach reaktive Radikalmoleküle, die zwar selbst keine Startreaktion mit Monomeren auslösen können, aber zur Kombination mit aktiven Zentren befähigt sind. Dadurch wird jede beginnende radikalische Polymerisation unterbunden. Ein Inhibitorzusatz ist z. B. für den Transport und die Lagerung von Monomeren erforderlich. Diphenylpikrylhydrazyl ist ein Beispiel für ein solches Inhibitorradikal.

Aufgaben

1. Weshalb wird käufliches Styrol in braunen Flaschen geliefert?
2. Warum sollte man es in der Kälte aufbewahren?
3. Weshalb ist Diphenylpikrylhydrazyl trotz seiner Radikalnatur beständig?
4. Formuliere Start- und Wachstumsreaktion für die radikalische Polymerisierung von Styrol.

2.3.2. Ionische Polymerisation

Auch ionische Polymerisationen verlaufen nach einem Kettenmechanismus mit Start-, Wachstums- und Abbruchreaktionen. Bildung und Stabilisierung dabei auftretender Ionen hängen weitgehend von der Natur der Substituenten an der Doppelbindung der Monomerkomponenten ab.
Der **kationische Mechanismus** wird durch Substituenten mit +I-Effekt unterstützt, da sie die Stabilität vorübergehend auftretender **Carbokationen** erhöhen. Die wichtigsten Starter der kationischen Polymerisation sind klassische Säuren und Lewis-Säuren (Friedel-Crafts-Katalysatoren).

Startreaktion:

$$H_2C{=}\underset{R}{CH} + H^+ \longrightarrow H_3C{-}\underset{R}{\overset{\oplus}{CH}}$$

Carbokation

Aufgabe

Begründe den Mechanismus der Startreaktion im einzelnen!

Das Kettenwachstum erfolgt durch Reaktion des gebildeten Carbokations mit einem weiteren Monomeren unter Erhaltung des ionischen Charakters.

Wachstumsreaktion:

$$H_3C{-}\underset{R}{\overset{\oplus}{CH}} + H_2C{=}\underset{R}{CH} \longrightarrow H_3C{-}\underset{R}{CH}{-}CH_2{-}\underset{R}{\overset{\oplus}{CH}}$$

Der Abbruch der Kettenreaktion kann durch Abspaltung von H^+-Ionen erfolgen.

Kettenabbruchreaktion:

$$H_3C{-}\underset{R}{CH}{-}(CH_2{-}\underset{R}{CH})_n{-}CH_2{-}\underset{R}{\overset{\oplus}{CH}} \rightarrow H_3C{-}\underset{R}{CH}{-}(CH_2{-}\underset{R}{CH})_n{-}CH{=}\underset{R}{CH} + H^+$$

In diesem Fall wird der Starter regeneriert, erfüllt also eine katalytische Funktion.

Der **anionische Mechanismus** wird durch Substituenten wie $-CN$ oder $-COOH$ an der Doppelbindung der Monomerkomponente unterstützt. Diese Gruppen können durch ihren $-I$-Effekt die Stabilität intermediär auftretender *Carbanionen* erhöhen.

$$H_2C{=}\underset{\large CN}{\underset{|}{C}}H \xrightarrow[\textbf{Starter-Anion}]{X^{\ominus}} X{-}CH_2{-}\underset{\large CN}{\underset{|}{\overset{\ominus}{C}}}H \quad \text{anionischer Mechanismus}$$

Ein typischer Starter hierfür ist Kaliumamid.

Startreaktion:

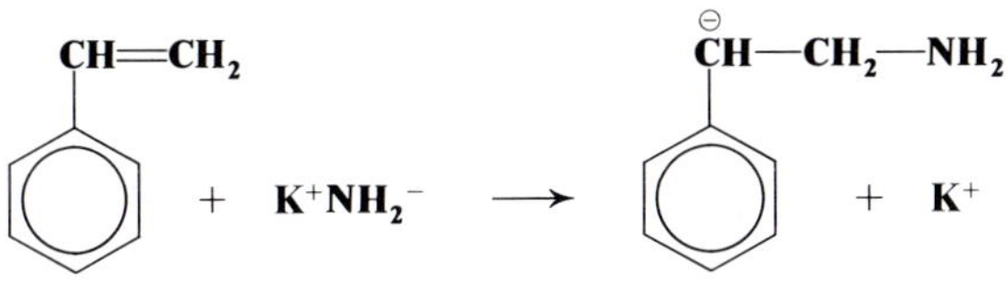

Carbanion

Auch die direkte Übertragung eines Elektrons von einem Metallatom auf ein Monomeres löst den anionischen Polymerisationsmechanismus aus. In diesem Spezialfall wird ein Radikalanion gebildet.

$$Na + H_2C{=}\overset{CH_3}{\overset{|}{\underset{\large CN}{\underset{|}{C}}}} \longrightarrow Na^+ + \bullet CH_2{-}\overset{CH_3}{\overset{|}{\underset{\large CN}{\underset{|}{C}}}}{}^{\ominus} \quad \text{Radikalcarbanion}$$

Das **Kettenwachstum** erfolgt durch Reaktion des Carbanions mit einem weiteren Monomeren.

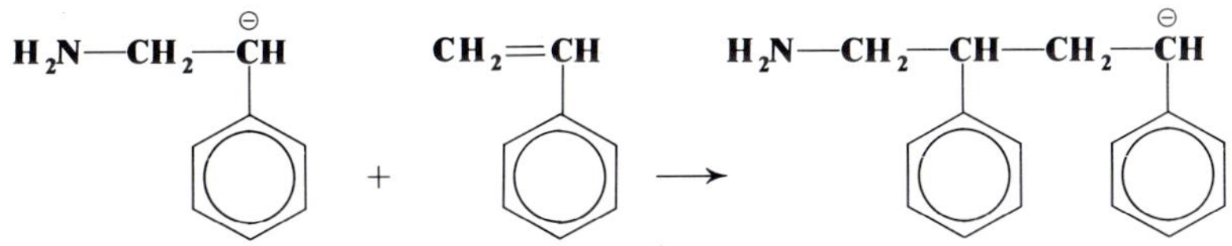

Wenn im Reaktionsgemisch keine Verunreinigungen enthalten sind, kann die anionische Polymerisation so lange fortschreiten, bis alle Monomere aufgebraucht sind. Das Carbanion bleibt dabei erhalten, da kein formeller Abbruchschritt existiert. Solche Polymere mit intaktem aktiven Zentrum nennt man treffend „lebende Polymere“, da bei erneuter Zugabe von Monomeren die Polymerisation an derselben Kette weiterläuft. Durch Verwendung „lebender Polymere“ können auch verschiedene Monomerkomponenten in dasselbe Molekül eingebaut werden.

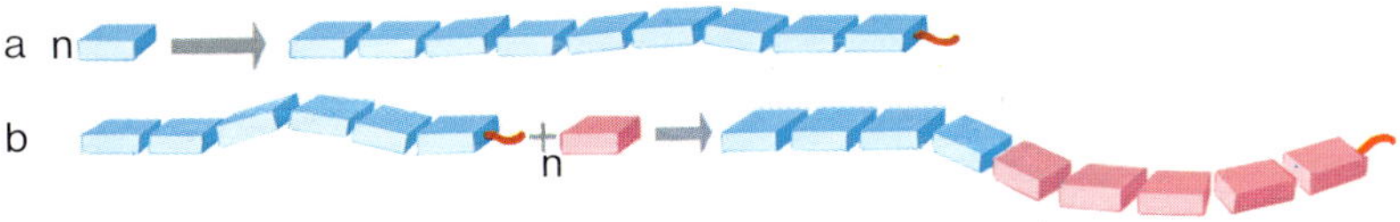

Abb. 13.1. Synthese mit „lebenden Polymeren“.
a Anionische Polymerisation mit der ersten Komponente.
b Weiterreaktion mit der zweiten Komponente zum Blockpolymer.

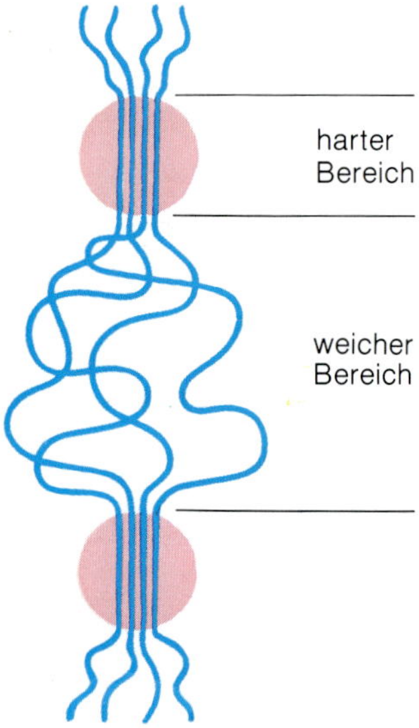

Abb. 14.1. Aufbau der Fasern eines Blockcopolymers mit harten und weichen Bereichen, „harter Bereich" z.B. Polyurethansegmente, „weicher Bereich" z.B. Polyethersegmente.

Auf diese Weise lassen sich auch Blockcopolymere herstellen, die interessante Eigenschaftskombinationen aufweisen. Werden innerhalb einer Polymerkette z. B. elastische und starre Segmente eingebaut, so entstehen Fasern mit Dehn- und Formbeständigkeit, wie man sie für Badekleidung benötigt („Spandex"-Fasern).

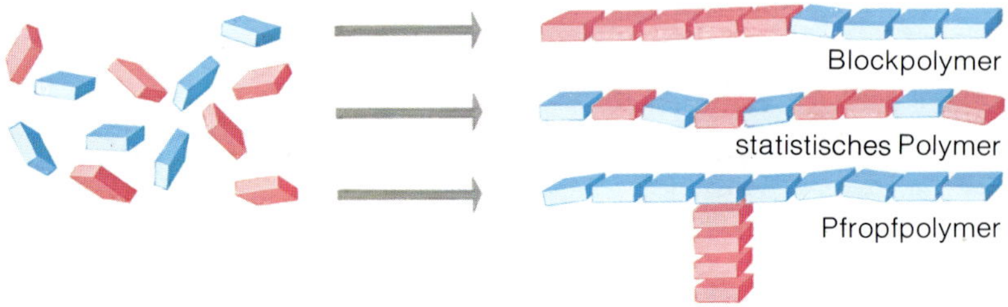

Abb. 14.2. Möglichkeiten der Copolymerbildung.

Aufgaben

1. Formuliere Start- und Wachstumsreaktion für die anionische Polymerisierung von Vinylchlorid mit Kaliumamid.
2. Welcher Einfluß ergibt sich auf die Kettenlänge von Polyethen, wenn die radikalische Polymerisierung in Gegenwart von Wasserstoffgas durchgeführt wird?
3. Warum „altern" ungesättigte Polyester, wenn sie Licht und Sauerstoff ausgesetzt sind?

3. Zusammenhang zwischen Struktur und Eigenschaften von Kunststoffen

Erforderliche Kenntnisse und Fähigkeiten

Bindungsarten; Zwischenmolekulare Kräfte

3.1. Einfluß des strukturellen Aufbaus auf die Eigenschaften

Versuche

1. Kunststoffstreifen werden über der offenen Bunsenbrennerflamme vorsichtig erwärmt. Mit den warmen Streifen führt man Biegeversuche durch.

2. Eine Kunststoffprobe wird solange in die rauschende Bunsenbrennerflamme gehalten, bis sie brennt oder sich zersetzt. Dann wird sie sofort herausgezogen und das Brandverhalten wird beobachtet. Nach dem Erlöschen oder dem Ausblasen wird der Geruch der Dämpfe geprüft.

3. Man gibt einen Tropfen Tetrachlorkohlenstoff auf die Oberfläche eines Kunststoffes und verreibt mit dem Finger. Der Versuch wird mit einem Tropfen Essigsäureethylester wiederholt.

4. Mit Hilfe der Tab. 16.1. und 17.1. wird eine unbekannte Kunststoffprobe identifiziert.

5. Einige Fäden aus einer Faserprobe werden zusammengedreht und in den äußeren Flammensaum eines Bunsenbrenners gehalten. Das Brandverhalten und der Geruch werden geprüft und mit den Angaben in Tab. 16.1. verglichen. Vergleichsversuche mit Baumwolle und Seide werden durchgeführt.

6. 2 bis 3 Spatelspitzen Caprolactam werden mit einem erbsengroßen Stück Natrium vorsichtig erwärmt, bis eine zähflüssige Masse entstanden ist. Mit einem Glasstab werden Fäden aus der Schmelze gezogen. Vorsicht!

Die Untersuchung von Polymerisations-, Polyadditions- und Polykondensationskunststoffen auf ihre Eigenschaften zeigt ein scheinbar verwirrendes Bild. In jeder der oben genannten Kunststoffklassen gibt es Vertreter mit analogen Eigenschaften. Dabei erweist sich, daß die Eigenschaften der Kunststoffe in hohem Maße von ihrer Struktur abhängig sind. Für den praktischen Gebrauch bietet sich daher eine andere Einteilung der Kunststoffe an.
Den einfachsten strukturellen Aufbau aus linearen Molekülketten zeigen alle Polyolefine und verschiedene Polykondensate und Polyaddukte (vgl. die Angaben in Tab. 6.1, 8.1 und 10.1). Sie erweichen beim Erwärmen und sind in diesem Zustand verformbar. Beim Abkühlen erhärten sie in der neuen Form und werden aufgrund dieses Verhaltens als *Thermoplaste*[1] bezeichnet. Der breite Schmelzbereich zeigt, daß bei diesen Kunststoffen ein Gemisch von Makromolekülen unterschiedlicher Kettenlänge vorliegt.

[1] Dieses Verhalten führte zu der umgangssprachlichen Bezeichnung „Plastik" für Kunststoffe.

Aufgaben

1. Trifft dieser Sachverhalt auch auf die makromolekularen Naturstoffe zu?
2. Kann man Eiweißfasern (z.B. Seide) als Thermoplaste bezeichnen?

Alle thermoplastischen Kunststoffe lassen sich aus der Schmelze zu Fäden verspinnen, aus denen man wertvolle Fasern von hoher Festigkeit für die Textilindustrie gewinnen kann. Bekannte Beispiele sind Orlon und Dralon aus Polyacrylnitril sowie lineare Polyester (Trevira, Diolen) und Polyamide (Nylon, Perlon).

Abb. 16.1. Brandtest: Polyethen

Kunststoffe mit einem eng vernetzten makromolekularen Aufbau sind beim Erwärmen hingegen nicht verformbar. Stattdessen führt starkes Erhitzen zu einer irreversiblen Zersetzung. Diese Kunststoffe nennt man *„Duroplaste"*. Eine sehr weitmaschige Vernetzung ermöglicht eine gewisse Beweglichkeit der Zwischensegmente bei Zugbeanspruchung. Kunststoffe mit diesem Aufbau zeigen gummielastisches Verhalten und bilden die Klasse der *Elastomere*.
Die Untersuchung des Verhaltens beim Erwärmen und bei Zugbeanspruchung läßt daher mit sehr einfachen Mitteln einen Einblick in den strukturellen Aufbau einer unbekannten Kunststoffprobe zu. Weitere Untersuchungen wie Brandtest, Beilsteinprobe, Verhalten gegenüber Chemikalien gestatten eine Zuordnung zu diesen Kunststoffklassen (vgl. die Angaben in Tab. 16.1., 17.1. und 18.1).

Tab. 16.1. **Thermoplastische Kunststoffe**

Name	Kurzzeichen	Chemikalienbeständigkeit		Verhalten beim Brandtest
		beständig gegen	unbeständig gegen	
Polyethen	PE	Soda, Salmiak, Waschmittel	Benzin, Benzol, Chlorkohlenwasserstoffe	schmilzt in der Flamme, tropft. Brennt auch außerhalb der Flamme weiter. Riecht nach erlöschender Paraffinkerze
Polypropen	PP	wie PE	wie PE	wie PE, Geruch brenzlig
Polyvinylchlorid weich	PVC	Säuren, Waschmittel	Benzol, Chlorkohlenwasserstoffe	brennt nur in der Flamme, stechender Geruch nach Chlorwasserstoff
hart		Benzin, Öl, schwache Säuren und Basen	wie PVC weich	
Polystyrol	PS	Säuren, Laugen, Öle	Benzin, Benzol, Chlorkohlenwasserstoffe	schmilzt in der Flamme, tropft, brennt auch außerhalb stark rußend weiter, süßlicher Geruch
Polymethylmethacrylat	PMMA	schwache Säuren und Basen, Benzin, Öle	Benzol, Chlorkohlenwasserstoffe	schmilzt in der Flamme, brennt außerhalb schwach leuchtend, Geruch süßlich, fruchtig
Polytetrafluorethen	PTFE	fast alle Chemikalien	elementares Fluor, Alkalimetalle	brennt nicht, verkohlt nicht, wird nur verformt

Abb. 16.2. Brandtest: Polystyrol

Polycarbonate	PC	schwache Säuren, Öle, Ethanol	Basen, starke Säuren, Benzol, Chlorkohlenwasserstoffe	schwer entflammbar, brennt nur in der Flamme, rußt unter Blasenbildung, phenolartiger Geruch
Polyamid	PA	Öle, Benzin, Benzol	Säuren und Laugen	schmilzt in der Flamme, tropft. Brennt leuchtend, nicht erlöschend. Geruch nach verbranntem Horn
Polyethenterephthalat	PETP	schwache Säuren und Laugen, Öle, Fette	starke Säuren und Laugen, Chlorkohlenwasserstoffe, Ester	schwer entflammbar, brennt mit gelb-orangefarbener Flamme, rußt schwach, aromatischer Geruch

Abb. 17.1. Brandtest: Polycarbonat

Tab. 17.1. **Duroplastische Kunststoffe**

Name	Kurzzeichen	Chemikalienbeständigkeit		Verhalten beim Brandtest
		beständig gegen	unbeständig gegen	
Phenol-Formaldehydharze	PF	schwache Säuren und Basen, Öle, Benzin, Benzol, Alkohole	starke Säuren und Basen	brennt in der Flamme leuchtend, kein Schmelzen, kein Tropfen, Phenolgeruch
Melamin-Formaldehydharze	MF	wie PF	wie PF	verkohlt in der Flamme, kein Schmelzen oder Tropfen, Geruch nach Fisch (Amine!)
Polyesterharze (ungesättigt)	UPS	schwache Säuren und Basen, Alkohol, Benzin, Öle	starke Säuren und Basen, Ester, Ether, Benzol, Chlorkohlenwasserstoffe	gelbe, rußende Flamme, kohlt, honigartiger Geruch

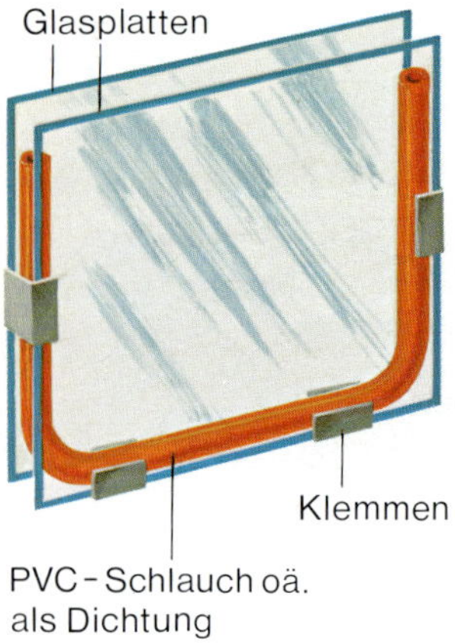

Abb. 18.1. Zur Herstellung einer Kunststoffplatte.

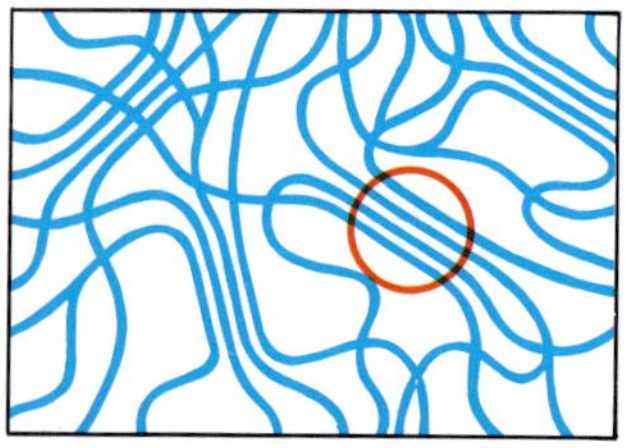

Abb. 18.2. Sphärolithbildung.

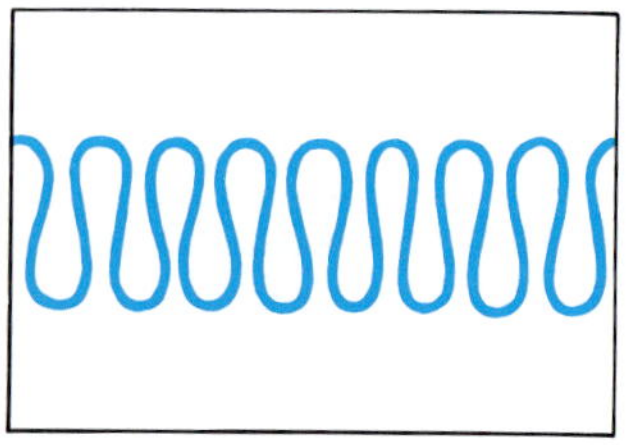

Abb. 18.3. Einkristall mit gefalteter Kettenstruktur.

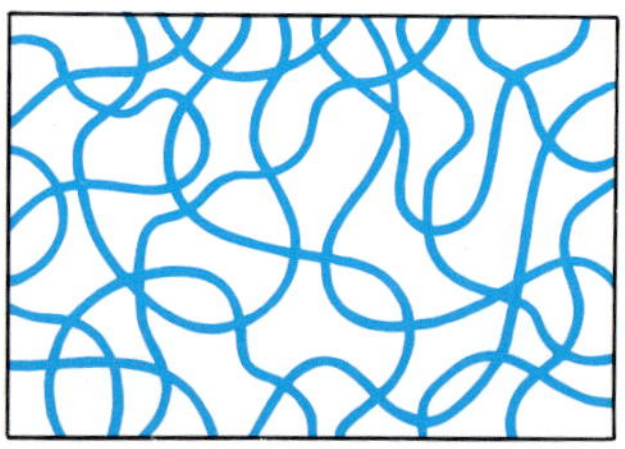

Abb. 18.4. Zufallsknäuel.

Tab. 18.1. **Elastomere**

Name	Grundbaustein	Grundstruktur des Polymeren
Naturkautschuk	$CH_2=C(CH_3)-CH=CH_2$	$[-CH_2-C(CH_3)=CH-CH_2-]_n$
Polybutadien	$CH_2=CH-CH=CH_2$	$[-CH_2-CH=CH-CH_2-]_n$
Styrol-Butadien Copolymer	$CH_2=CH-CH=CH_2$ + 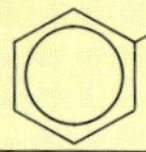 $CH=CH_2$ →	$[-CH_2-CH=CH-CH_2-CH_2-CH-]_n$ 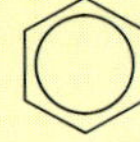
Polychloropren	$CH_2=C(Cl)-CH=CH_2$	$[-CH-C(Cl)=CH-CH_2-]_n$

3.2. Einfluß von Kristallinität und dreidimensionaler Ordnung auf die Eigenschaften von Kunststoffen

Versuch

Eine Mischung aus 98 g Methacrylsäuremethylester und 2 g Azodiisobutyrodinitril wird in einem 250-ml-Becherglas angesetzt und luftblasenfrei verrührt. Aus zwei Glasplatten und einem PVC-Schlauch wird ein U-förmiger Trog hergestellt, wobei die Platten mit Klammern zusammengehalten werden. Der Trog wird vorsichtig mit der Reaktionslösung luftblasenfrei gefüllt und senkrecht in einen Trockenschrank von 60 °C gestellt. Nachdem die Mischung durchreagiert hat (einige Stunden), wird unter fließendem Wasser abgekühlt. Die Glasplatten des Trogs können anschließend gelöst werden. Man erhält eine durchsichtige Kunststoffplatte. **Vorsicht! Abzug!**

Bei Kunststoffen, die aus linearen oder verzweigten Kettenmolekülen bestehen, können verschiedene Ordnungszustände festgestellt werden. **Intermolekulare** Zusammenlagerung führt zur Ausbildung teilkristalliner Bereiche, die man als *Sphärolithe* bezeichnet. (Unter dem Polarisationsmikroskop zeigen sie die optische Erscheinung des Malteserkreuzes.) **Intramolekulare** Zusammenlagerung kann zur gefalteten Kettenstruktur („Einkristall") führen. Fehlende Ordnung („Zufallsknäuel") bedingt amorphen oder glasartigen Aufbau.

Die wesentlichen Eigenschaften zahlreicher Kunststoffe werden durch die Kristallinität beeinflußt. Ein großer Kristallinitätsgrad hat eine hohe mechanische Stabilität, große Dichte, relativ hohe Schmelzbereiche und geringe Lichtdurchlässigkeit zur Folge.
Amorpher Aufbau führt zu geringer mechanischer Stabilität, tieferem Schmelzbereich und hoher Lichtdurchlässigkeit.

Beispiel:

Polyethen kristallin
Schmelztemp. 127 °C

$-CH_2-CH_2-CH_2-CH_2-$

Polyisobuten amorph
Schmelztemp. −20 °C

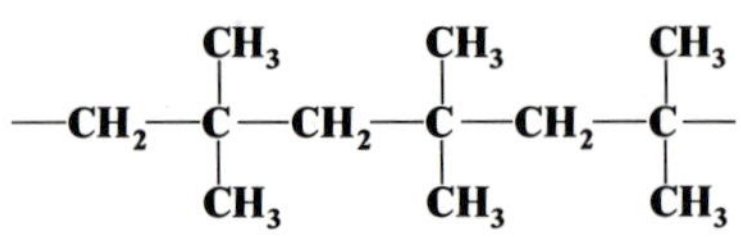

Aufgabe

Warum kann Polyethen kristalline Bereiche ausbilden, Polyisobuten hingegen nicht?

Für die Zusammenlagerung von Makromolekülen sind **Sekundärbindungen** verantwortlich. Unpolare Makromoleküle werden durch Van der Waals-Kräfte zusammengehalten. Diese wachsen mit steigender Molekülgröße, so daß ein höherer Polymerisationsgrad auch eine größere mechanische Festigkeit des Kunststoffs hervorruft. Bei polaren Makromolekülen wie z.B. PVC sind zusätzliche Dipolkräfte wirksam; bei Polyamiden und Polyurethanen treten starke Bindungskräfte durch Wasserstoffbrücken auf.

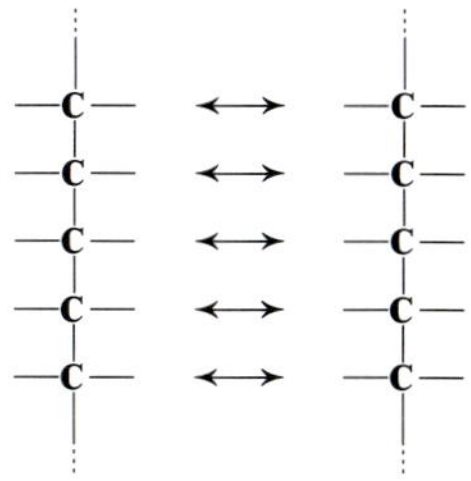

Van der Waals-Kräfte

3.3. Modifizierung der Eigenschaften

Versuche

Vorsicht!

1. Weich-PVC-Streifen werden in ein Reagenzglas gegeben und mit einigen ml Methanol auf dem Wasserbad bis zum Sieden erhitzt. Das Lösungsmittel abgießen und die Behandlung mit frischem Methanol wiederholen. Danach die Streifen entnehmen, auf Filterpapier trocknen und mit unbehandeltem Weich-PVC vergleichen.

2. Einige unverstreckte Rohnylonfasern aneinanderlegen, mit beiden Händen fassen und schnell auf das Doppelte der ursprünglichen Länge auseinanderziehen. Beim Halten an die Stirn läßt sich eine Temperaturerhöhung feststellen. Erklärung!

3. In einem Standzylinder mit destilliertem Wasser läßt man Polyacrylsäurefolie („pH-Muskel") etwa 5 Minuten quellen. Dann fügt man etwas verdünnte Natronlauge zu und mißt die Längenveränderung der Folie. Man wiederholt den Versuch mit Zugabe von etwas verdünnter Salzsäure.

4. In zwei Reagenzgläser gibt man je 10 ml 40%ige Polyacrylsäurelösung. Nach Zugabe von 8 ml 37%iger Natronlauge bzw. 8 ml 37%iger Salzsäure stellt man die Viskositäten der Lösungen fest. Erkläre die Unterschiede.

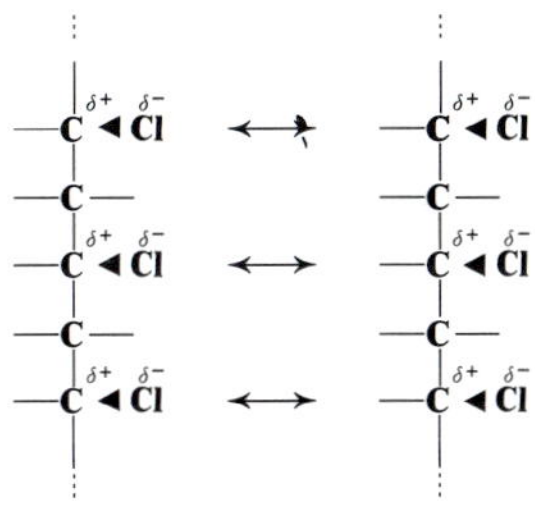

Dipolkräfte

Die Zusammenlagerung von Makromolekülen kann man über die Abkühlgeschwindigkeit der Polymerschmelze beeinflussen. Durch sehr rasche Abkühlung wird die statistische Verteilung der Moleküle in der Schmelze „eingefroren". Dadurch entstehen Kunststoffgläser. Im Vergleich zu anorganischen Silicatgläsern besitzen sie eine höhere Lichtdurchlässigkeit, die z.B. bei Plexiglas 92,5% beträgt. Kunststoffgläser werden auch zu optischen Gläsern (Kontaktlinsen) verarbeitet.

Kühlt man eine Polymerschmelze sehr langsam ab, bilden sich teilkristalline Bereiche aus. Sie erscheinen wegen der Lichtreflexion an den Kristallebenen opak[1]. Dichte und Festigkeit erhöhen sich ebenso wie der Schmelzbereich. Seitenketten im Molekül oder sperrige Substituenten stören die Zusammenlagerung. Dies ruft eine „innere Weichmachung" hervor. So beträgt beispielsweise die Dichte von Polyethen 0,945 g/cm^3 bis 0,965 g/cm^3, die Dichte von Polypropen hingegen nur 0,900 g/cm^3 bis 0,907 g/cm^3.

Die räumliche Anordnung von Seitengruppen ist in der Molekülkette auf dreierlei Weise möglich:

1. isotaktisch: alle Substituenten sind in gleicher sterischer Anordnung anzutreffen

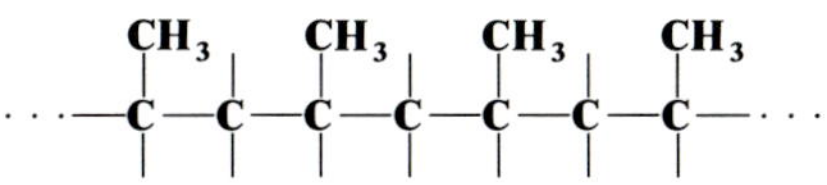

isotaktisches Polypropen

[1] von *opacus* (lat.) = dicht, undurchsichtig

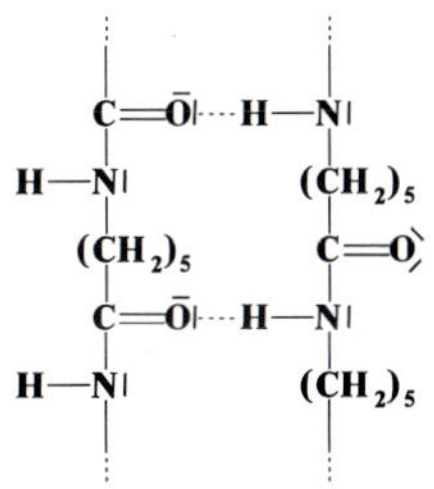

Wasserstoffbrücken

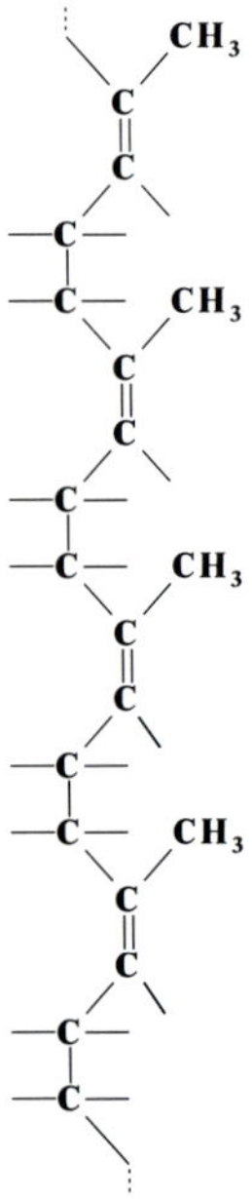

Kautschuk (cis-Polyisopren), das ursprüngliche Ziel einer stereospezifischen Polymerisation von Isopren

2. syndiotaktisch: die Anordnung der Substituenten wechselt an aufeinanderfolgenden asymmetrischen Kohlenstoffatomen

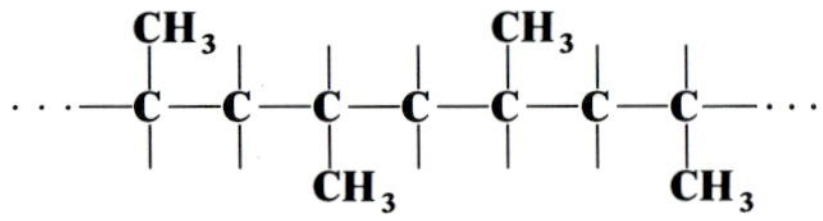

syndiotaktisches Polypropen

3. ataktisch: die Anordnung der Substituenten ist regellos statistisch verteilt

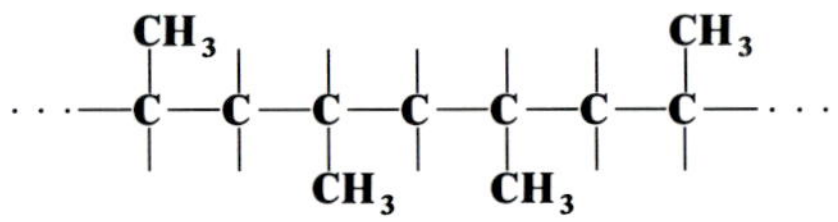

ataktisches Polypropen

Der Zusammenhang zwischen Molekülbau und Schmelztemperatur geht aus den Angaben in Tab. 20.1. am Beispiel von linearen Polyestern hervor. Die Wahl des Schmelzbereiches ist von großer praktischer Bedeutung, da bügelfreie Gewebe aus Polyesterfasern im Temperaturbereich von 40 °C bis 100 °C (Waschtemperatur) bereits genügend erweicht sein müssen, um Falten aus dem Gewebe zu beseitigen („Knittererholung“).

Aufgabe

1. Warum hat isotaktisches Polypropen einen höheren Schmelzpunkt als ataktisches Polypropen?
2. Vergleiche die Schmelztemperaturen der verschiedenen Polyester. Erkläre die Beeinflussung dieser Werte durch den Aufbau des Substituenten R.
3. Warum wird die Schmelztemperatur gesenkt, wenn als Säurekomponente die m-Benzoldicarbonsäure verwendet wird?
4. Wird die Fähigkeit zur Feuchtigkeitsaufnahme der Polyesterfasern durch Sulfonierung der aromatischen Reste erhöht oder erniedrigt? Begründung!

Tab. 20.1.

Strukturelement des Polyesters	Substituent R	Schmelz-temperatur in °C
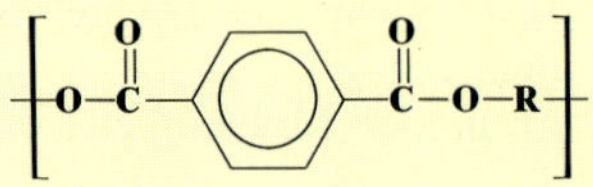	$-(CH_2)_2-$	265
	$-CH_2-C(CH_3)_2-CH_2-$	240
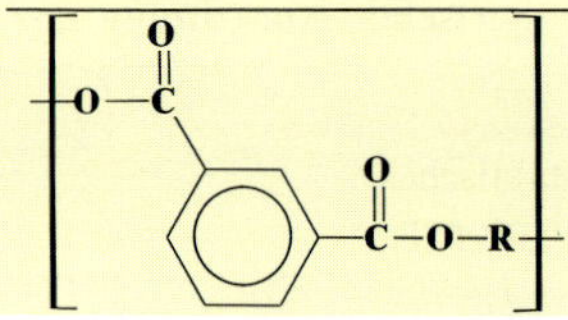	$-(CH_2)_2-$	240

Den gleichen Zweck der „Weichmachung" erfüllen auch Fremdmoleküle („äußere Weichmachung"), die sich zwischen einzelne Makromolekülketten einlagern und die Kristallisation stören (Abb. 21.1.). Für PVC als polarem Kunststoff sind polare Phthalsäureester als Weichmacher geeignet. In Weich-PVC sind sie zu 30% bis 40% enthalten. Weichmacher müssen möglichst schwerflüchtig sein, damit sich die Eigenschaften eines Kunststoffes nicht im Laufe der Zeit durch Verdunstung verändern.

Bei Kunststoffen mit sauren oder basischen Gruppen hat die Wasserstoffionenkonzentration einen Einfluß auf die räumliche Gestalt und die Eigenschaften. Polyacrylsäurefolie z. B. streckt sich in alkalischem Milieu, weil die Makromoleküle aus der geknäuelten Struktur in eine gestreckte Form übergehen. In saurer Lösung verkürzt sich die Folie entsprechend. Dieses Verhalten läßt sich zur Konstruktion eines „pH-Muskels" ausnutzen (Abb. 21.2.).

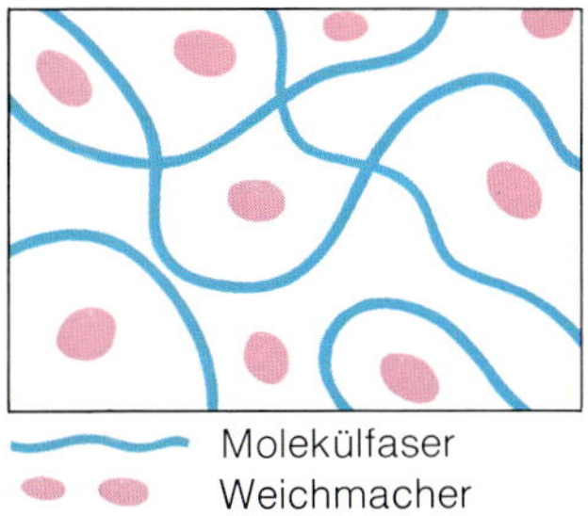

Abb. 21.1. Strukturbeeinflussung durch Weichmachermoleküle

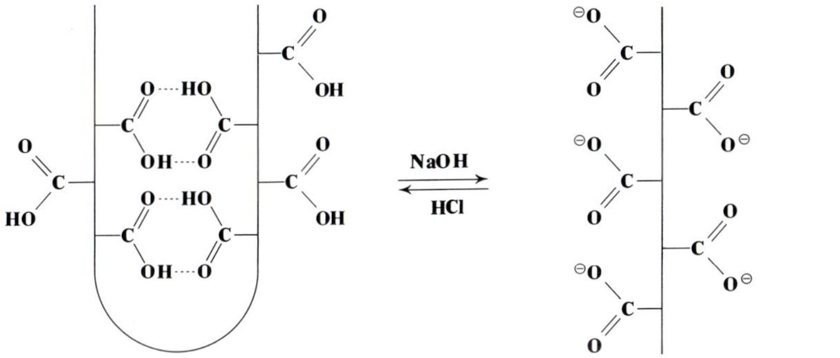

saure Lösung:
geknäuelte Struktur durch Wasserstoffbrücken

alkalische Lösung:
gestreckte Struktur wegen der Abstoßung gleichartiger Ladungen

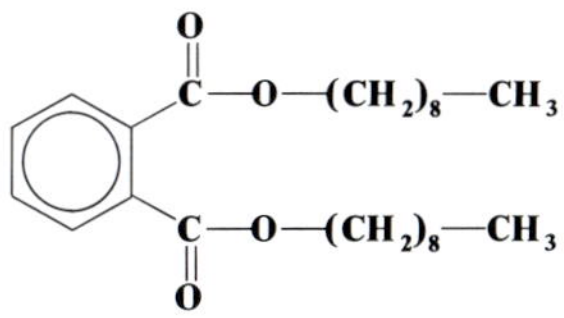

Dinonylphthalat

Eine weitere Möglichkeit der Beeinflussung der Eigenschaften besteht im „Verstrecken" von Kunststoffasern. Durch dieses Verfahren werden die Molekülketten in eine parallele Lage gebracht, die für Wechselwirkungen günstig ist. Weitere kristalline Bereiche können sich dadurch ausbilden und damit die mechanische Festigkeit der Fasern erhöhen. In großem Umfang findet Verstrecken bei der Produktion von Polyamiden und Polyestern Anwendung.

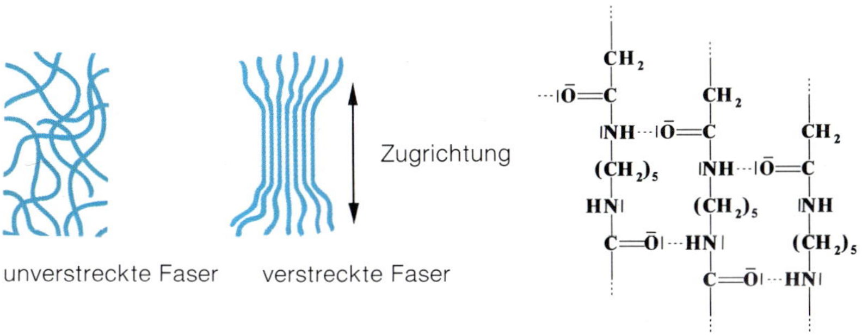

Abb. 21.3. Strukturbeeinflussung durch Verstrecken bei Polyamiden

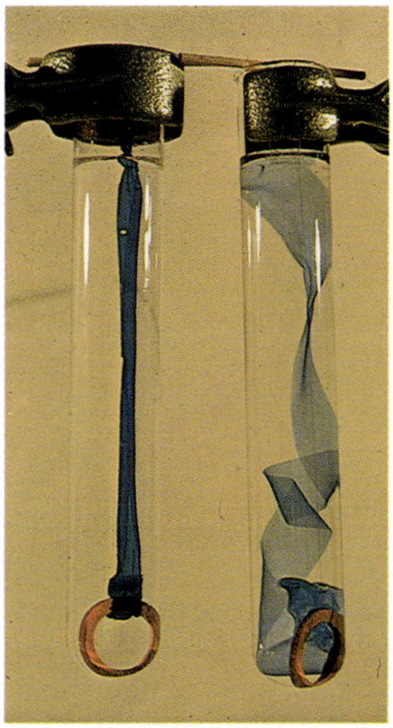

Abb. 21.2. „pH-Muskel",
rechts: alkalische Lösung
links: saure Lösung

Auch nachträgliche kovalente Vernetzung kann die Eigenschaften von Kunststoffen in erheblichem Maße verändern. Lineare ungesättigte Polyester werden z. B. durch radikalische Polymerisierung an den noch vorhandenen Doppelbindungen nachträglich vernetzt. Aus dem Thermoplast wird damit ein mechanisch sehr stabiler Duroplast. Auch bei der Vulkanisation von Gummi wird durch Schwefelzusatz eine weitmaschige (Weichgummi, 5% Schwefelgehalt) oder engmaschige Vernetzung (Hartgummi Ebonit, 20% bis 30% Schwefelgehalt) der Molekülketten über Schwefelbrücken bewirkt.

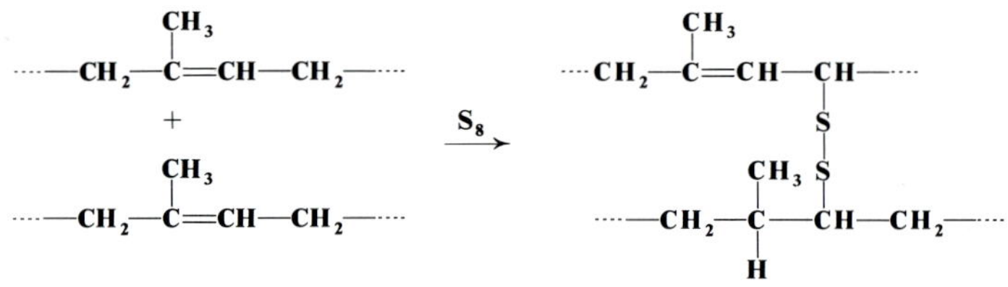

3.4. Ionenaustauscher

Versuche

1. Eine Lösung, die Natrium- und Kalium-Ionen enthält, wird auf eine Chromatographiesäule mit einem Kationenaustauscher gegeben. Mit destilliertem Wasser spült man nach und prüft das Eluat mit Hilfe der Flammenfärbung auf Alkali-Ionen.
2. Mit verdünnter Salzsäure werden die Alkali-Ionen wieder eluiert. Prüfe die Reihenfolge, mit der die Natrium- und Kalium-Ionen im Eluat erscheinen, mit Hilfe der Flammenfärbung.

Führt man in Polystyrolharze saure oder basische funktionelle Gruppen ein, entstehen Ionenaustauscher. Bei Kationenaustauschern werden z.B. $-COO^-$-Gruppen kovalent fest als Ankergruppen am unlöslichen Harz gebunden. Die zugehörigen Protonen können dissoziieren und gegen andere Kationen (Gegenionen) ausgetauscht werden. Die Stärke der elektrostatischen Bindung zwischen Ankergruppe und Gegenion ist hauptsächlich von Radius und Ladung abhängig. Radius und Ladung sind auch bei chemisch sehr ähnlichen Ionen selten völlig identisch, so daß sie unterschiedlich stark festgehalten werden. Somit ist auch die Trennung eines Ionengemisches am Ionenaustauscher möglich.

Abb. 22.1. Die Ankergruppen bestimmen die Wirkungsweise der Ionenaustauscher. Dunkelblau: Kationenaustauscher stark sauer. Hellblau: Kationenaustauscher schwach sauer. Hellrot: Anionenaustauscher schwach basisch. Dunkelrot: Anionenaustauscher stark basisch

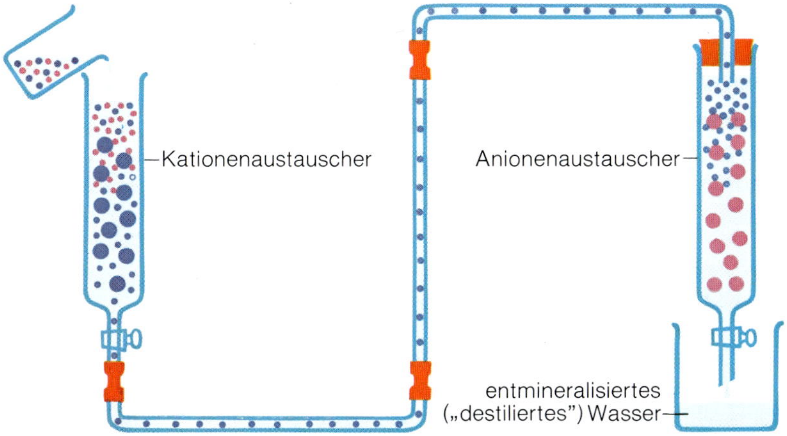

Abb. 23.1. Schema der Vollentsalzung von Lösungen

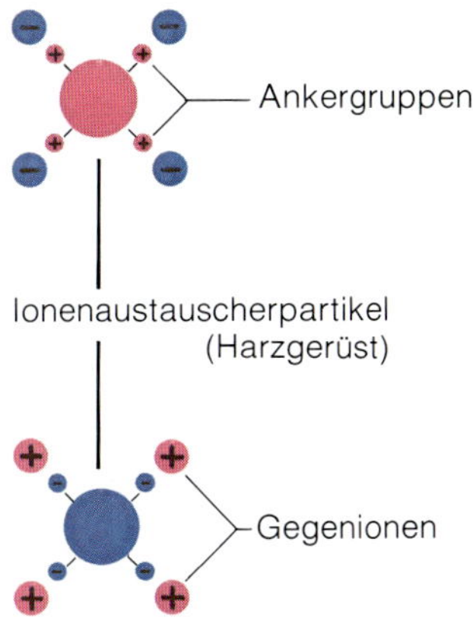

Abb. 23.2. Ionenaustauscher mit Ankergruppen und Gegenionen

Anionenaustauscher tragen positiv geladene Ankergruppen wie z.B. die Trialkylamingruppe. Zur Vollentsalzung einer Lösung werden Kationen- und Anionenaustauscher hintereinandergeschaltet.

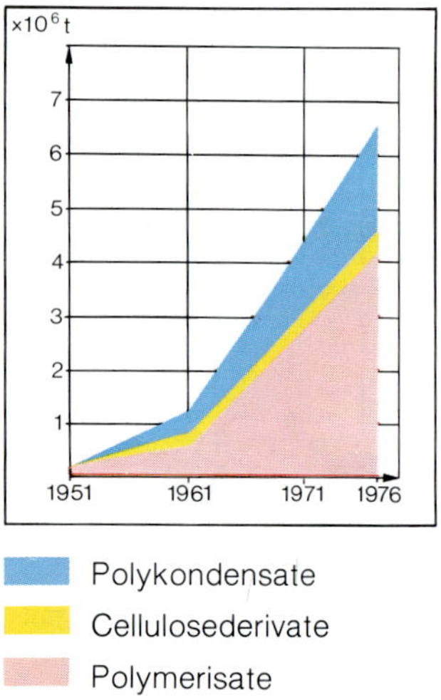

Abb. 24.1. Kunststoffproduktion in der Bundesrepublik

4. Die industrielle Produktion von Kunststoffen

Erforderliche Kenntnisse und Fähigkeiten

Bau und Eigenschaften der wichtigsten Massenkunststoffe; Brandverhalten der Kunststoffe; Resonanzstabilisierung; wirtschaftspolitische Bedeutung des Erdöls; Erdöl als Rohstoff für die chemische Industrie.

4.1. Entwicklung der Kunststoffproduktion

Die Menge der hergestellten Kunststoffe wächst auf der Welt stetig an. Bisher trat etwa alle fünf Jahre eine Verdoppelung der Produktion ein. Die Bundesrepublik zählt zu den bedeutendsten Kunststoffproduzenten. Sie liegt auch im Kunststoffverbrauch an der Spitze.

Tab. 24.1. Die Weltkunststoffproduktion in 10^3 t

Land	1960	1970	1975	1980
Welt	6900	26900	50000 bis 55000	90000 bis 110000
USA	2850	8900	14000 bis 16000	27500
Japan	556,1	5100	11000 bis 12000	17000
Bundesrepublik	990,6	4316	7400	13600
UdSSR	332,0	1800	4000	8400
Italien	345,8	1600	3100	5700
Frankreich	347,0	1515	2000 bis 3000	3900
Großbritannien	566,0	1450	2700	4500
Belgien	39,5	350	600	670
DDR	115,1	370	900	1600

Unter den Kunststoffprodukten nehmen Polymerisate, besonders Polyethen, Polyvinylchlorid und Polyacrylate, mengenmäßig den wichtigsten Platz ein. Hierfür sind vor allem neben den günstigen Gebrauchseigenschaften dieser Kunststoffe niedrige Herstellungskosten verantwortlich. Wichtigster Rohstoff für die modernen Kunststoffe ist Erdöl.

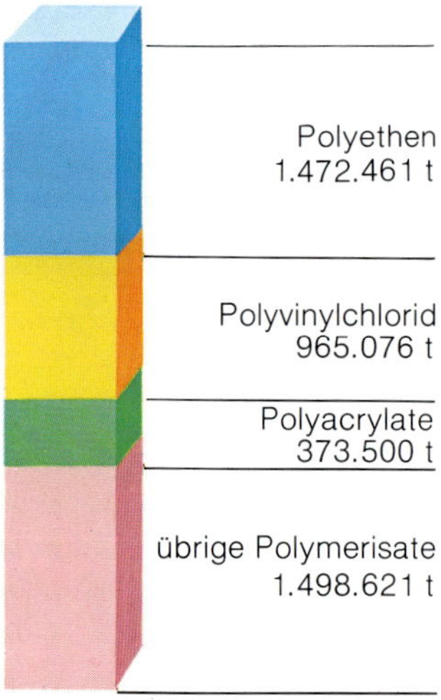

Abb. 24.2. Der Anteil von Polyethen, Polyvinylchlorid und Polyacrylaten an der Produktion von Polymerisaten in der Bundesrepublik im Jahre 1976

4.2. Die Bedeutung des Erdöls

Aus Erdöl werden zunächst die wichtigsten Primärchemikalien Ethen und Propen gewonnen. Daraus sind auch Vinylchlorid und Acrylnitril sehr leicht zugänglich.

Ethen hat eine zentrale Bedeutung für die Kunststoffindustrie. Es bestehen sogar regelrechte Ethenleitungsnetze, die auch bei Produktionsschwankungen eine geregelte Versorgung der einzelnen Produktionsstätten gewährleisten sollen. Große Chemiewerke besitzen eigene Raffinerien und Crackanlagen zur Ethenherstellung.

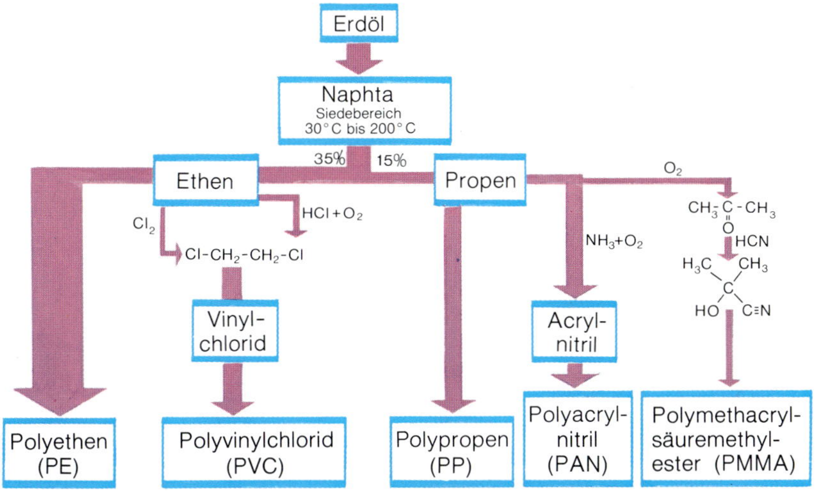

Abb. 25.1. Ausgangsstoffe und Herstellungswege der wichtigsten Massenkunststoffe

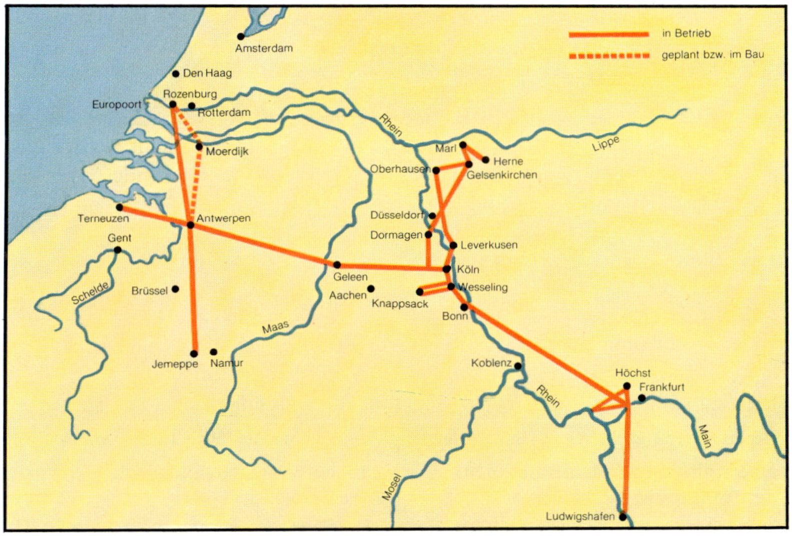

Abb. 25.2. Ethenleitungsnetz in Mitteleuropa

4.3. Kunststoffe in der Anwendung

4.3.1. Kunststoffverarbeitung

Die vorwiegend als Granulat anfallenden Kunststoffe werden nur sehr selten direkt zu den Fertigerzeugnissen verarbeitet. In den meisten Fällen wird das Granulat mechanisch zerkleinert und mit Zusatzstoffen wie Stabilisatoren (um oxidative Alterungsprozesse zu unterbinden), Gleitmitteln (um das Verhalten in den Verarbeitungsmaschinen zu verbessern), Füllstoffen (um die mechanische Festigkeit zu erhöhen) oder Pigmenten versetzt.

Tab. 25.1. Durch Zusatzstoffe werden ungünstige Eigenschaften von Kunststoffen geändert

Erwünschte Eigenschaft des Kunststoffs	Zusatzstoffe
Chemikalienbeständigkeit	Asbest Calciumsilicat Kokspulver Glasfasern Kaolin Glimmer Talk
Formbeständigkeit in der Wärme	Asbest Calciumcarbonat Calciumsilicat Ruß Glasfasern Kaolin Glimmer Talk
Schlagzähigkeit	Asbest Cellulose Baumwollfasern Glasfasern Jute
Minderung der Entflammbarkeit	Zusatz von mineralischen Bestandteilen, die schmelzen und dadurch Krusten bilden, die den Luftzutritt hemmen
Härte	Asbest Bronze Calciumcarbonat Calciumsilicat Cellulose Baumwollfasern Glasfasern Graphit Kaolin

Bei Thermoplasten umfaßt die anschließende Verarbeitung das Urformen, darunter versteht man das Spritzgießen und Extrudieren der pulverförmigen Kunststoffe, und das Umformen, d.h. Biegen, Ziehen, Strecken oder Walzen bei der Weiterverarbeitung.

Da Duroplaste bei der Herstellung in der endgültigen Form aushärten, können sie nur noch mechanisch durch Hobeln, Sägen oder Bohren bearbeitet werden.

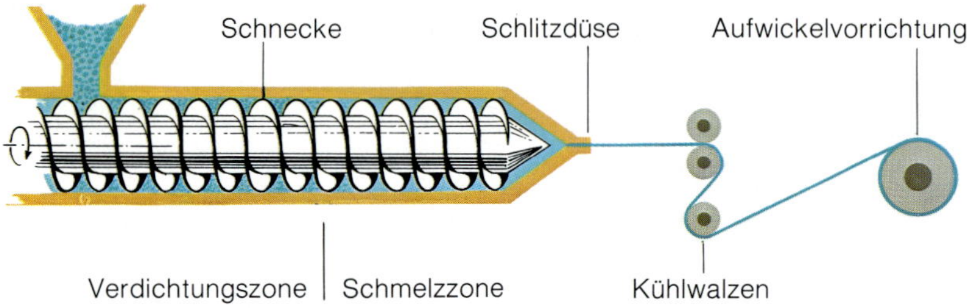

Abb. 26.1. Aufbau eines Extruders

4.3.2. Kunststoffe als Werkstoffe

Obwohl Kunststoffe praktisch für jeden Zweck gezielt synthetisiert werden, werden sie dennoch traditionelle Werkstoffe wie Metalle nicht verdrängen können. Dies liegt in der Summe ihrer Eigenschaften begründet, die sich aus Vor- und Nachteilen ergibt.

Tab. 26.1.

Vorteile	Nachteile
billige Produktion	Alterung
glatte Oberfläche, leicht zu reinigen	elektrostatische Aufladung, rasche Verschmutzung
Beständigkeit gegen viele Chemikalien	Angreifbarkeit durch Lösungsmittel
gute Kälte- und Wärmeisolatoren, gute elektrische Isolatoren	geringe Wärmebeständigkeit, Brennbarkeit
geringe Dichte	geringe Härte und Kratzfestigkeit

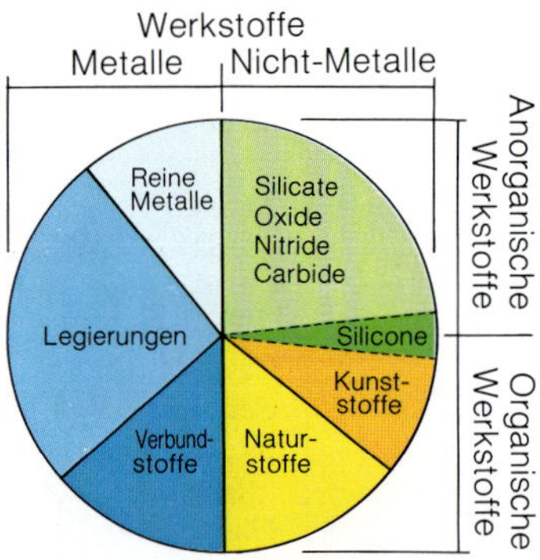

Abb. 26.2. Einteilung der Werkstoffe

Aufgabe

Ordne Glas in das Werkstoff-Schema ein!

4.3.3. Viskoelastizität

Versuche

1. Siliconöl versetzt man mit etwas Dibenzoylperoxid und erhitzt in der Porzellanschale kurze Zeit auf 75 °C. Es entsteht Siliconkautschuk.
2. 20 g Siliconkautschuk werden mit 2 g Siliconkautschukhärter (erhältlich z.B. bei Fa. Hedinger, Stuttgart) verrührt und zu einem Ball geformt.

Kunststoffe unterscheiden sich auch durch besondere mechanische Eigenschaften von anderen Werkstoffen. Unter einer lang andauernden Druckbelastung beginnen sie wie eine hochviskose Flüssigkeit zu fließen, während sie sich bei einer kurzfristigen „schnellen“ Krafteinwirkung wie ein elastischer Festkörper verhalten. Diese Eigenschaft wird als **Viskoelastizität** bezeichnet.

Daraus ergeben sich Konsequenzen in der praktischen Anwendung. In der Bundesrepublik Deutschland stapelt man gewöhnlich nicht mehr als 12 Bierkästen aufeinander. Unter dieser Belastung sind Bierkästen aus Polyethen ausreichend stabil. In England hingegen werden bei wesentlich längeren Lagerzeiten 20 bis 36 Kästen aufeinandergesetzt. In England müssen Bierkästen aus Kunststoffen mit hoher Belastbarkeit hergestellt werden, da Polyethen aufgrund der Viskoelastizität „zu fließen“ begänne.

Dieses Verhalten wird durch die nebenvalenten Kräfte verursacht. Abschnitte in Polymerketten, die durch nebenvalente Bindungen verknüpft sind, wirken wie Vernetzungen. Zwischen solchen „Vernetzungen“ können die Polymerketten durch eine kurze Zugbeanspruchung gedehnt werden, wobei sich beim Nachlassen der Spannung die ursprüngliche Form wieder einstellt.

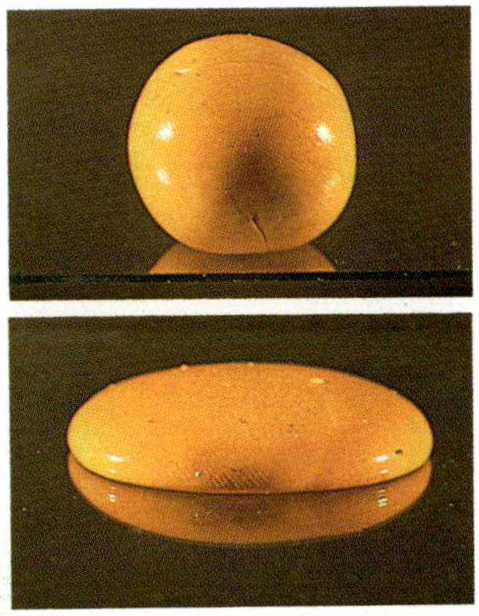

Abb. 27.1. Viskoelastizität eines Siliconkunststoffs

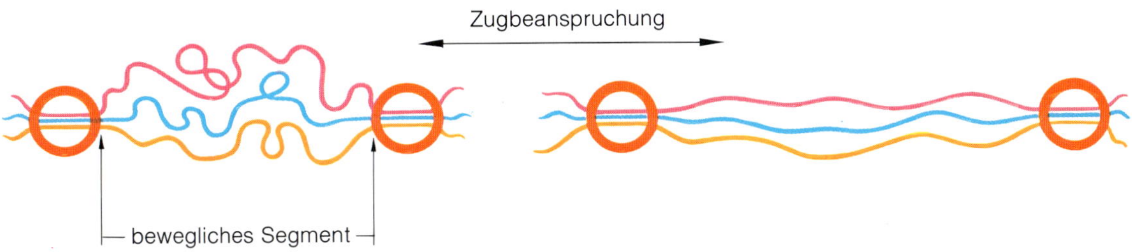

Abb. 27.2. Schematische Darstellung des elastischen Verhaltens

Bleibt jedoch die Zugbeanspruchung längere Zeit bestehen, erfolgt eine Neuorientierung der nebenvalenten Bindungen. Dadurch geht die ursprüngliche Form der Kunststoffe verloren.

Abb. 27.3. Schematische Darstellung des viskoelastischen Verhaltens

Besonders gut zeigt „Springkitt“, ein Siliconpolymer, die Eigenschaft der Viskoelastizität. Man kann aus Springkitt einen Ball formen und ihn aufprallen lassen, ohne daß dabei die äußere Form verlorengeht (schnelle Krafteinwirkung). Läßt man den Ball aus Springkitt jedoch längere Zeit liegen, zerfließt er zu einem flachen Brei (lang andauernde Krafteinwirkung).

Abb. 28.1. Die Kleidung von Astronauten besteht aus hitzebeständigen Textilien

4.3.4. Wärmebeständigkeit

Zwei nachteilige Eigenschaften von Kunststoffen sind Gegenstand intensiver Forschung: die geringe Wärmebeständigkeit und die hohe Brennbarkeit. Durch den Einbau von Atomgruppen, die im Brandfall feuerlöschende Gase entwickeln (z.B. CO_2, Ammoniak und Stickstoff) wird die Brennbarkeit herabgesetzt. Fluorkunststoffe, Aminoplaste und Silicone sind unbrennbar, selbstlöschend sind Polyvinylchlorid und Polycarbonate (vgl. Brandtest, S. 16f.). Allgemein wird die Wärmebeständigkeit von Polymeren durch den Einbau aromatischer Reste erhöht. Dies schränkt die Beweglichkeit der Molekülketten ein. In sogenannten „Leiterpolymeren" ist die Kettenbeweglichkeit extrem eingeschränkt. Sie sind bei einem kurzfristigen Erhitzen selbst bei über 1000 °C beständig! Verwendungsmöglichkeiten für diese Kunststoffarten bestehen vor allem in der Luft- und Raumfahrt.

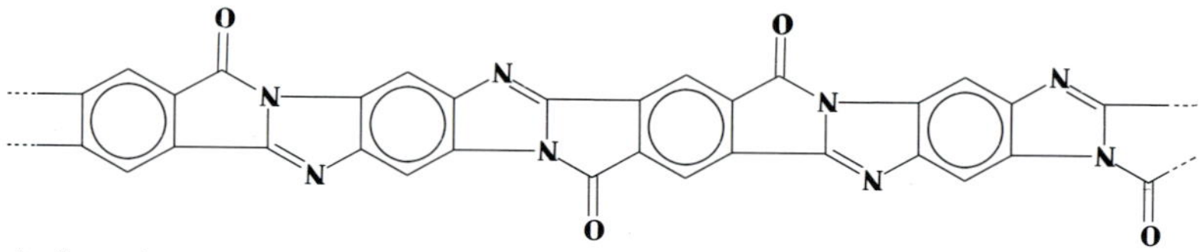

Aufbau eines Leiterpolymeren

4.4. Umweltprobleme mit Kunststoffmüll

Versuch

Vorsicht! Abzug! In den Destillierkolben einer Schliffapparatur werden ca. 5–10 g Plexiglasabfälle (Polymethylmethacrylat) gegeben. Beim langsamen Erwärmen des Ansatzes im Luftbad destilliert eine Flüssigkeit ab, die in einer eisgekühlten Vorlage aufgefangen wird. Vorsicht! Schüttle eine kleine Menge des Destillats mit Bromwasser. Erkläre die Versuchsergebnisse.

Abb. 28.2. Der Anteil von Kunststoffen in Müll ist deutlich sichtbar

Viele Kunststoffgegenstände sind zu typischen Wegwerfartikeln geworden. Aus der Menge der Abfälle ergeben sich mancherlei Umweltbelastungen. Im Jahre 1973 waren es allein 10^6 Tonnen Kunststoffmüll in Form von Hausmüll; dem stand eine Kunststoffproduktion von $6{,}4 \cdot 10^6$ Tonnen gegenüber.
Die Ablagerung von Kunststoffmüll in Deponien ist sehr problematisch: Kunststoffabfälle fallen in riesigen Mengen an. Kunststoffe werden kaum von Bakterien abgebaut. Die Verbrennung von Kunststoffmüll wirft wegen schädlicher Emissionen ebenfalls Probleme auf. PVC, das im Hausmüll zu 0,6 Gewichtsprozent enthalten ist, verursacht die Hälfte aller Chlorwasserstoffemissionen, die bei der Müllverbrennung entstehen.
Vorteilhaft an der Müllverbrennung ist jedoch der hohe Heizwert von kunststoffhaltigem Müll. Die Entwicklung des Heizwertes in der Müllverbrennungsanlage Frankfurt/M. zeigt eine hohe Steigerung durch den zunehmenden Kunststoffanteil der Abfälle. Der Rückgang zwischen den Jahren 1973 und 1974 könnte mit der verringerten Kunststoffproduktion während dieser Zeit zusammenhängen.
Neue Wege der Kunststoffmüllbeseitigung eröffnen moderne **Pyrolyseverfahren.** Sie dienen der Rückgewinnung von Rohstoffen oder kleinerer Molekülbausteine durch thermische Zersetzung der Kunststoffe. Dadurch soll ein dem Rohöl vergleichbares Produkt zurückgewonnen werden („recycling").

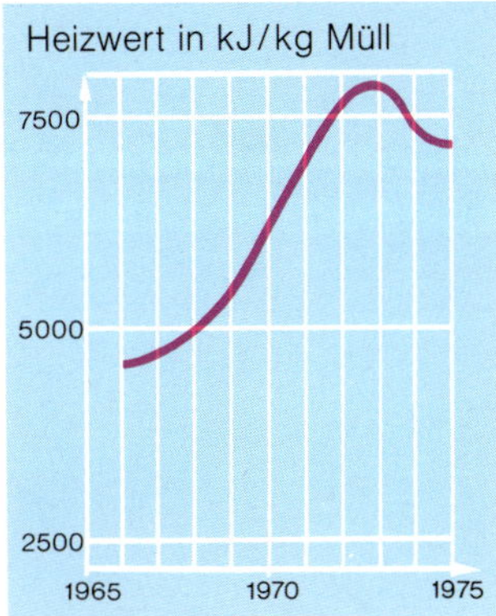

Abb. 29.1. Entwicklung des Heizwerts von Müll

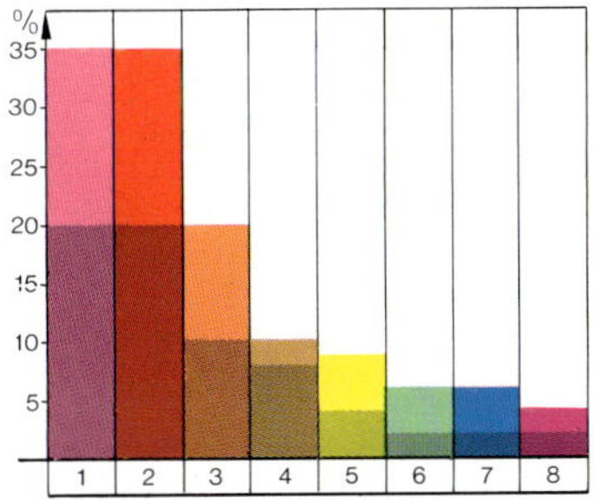

Abb. 29.2. Müllzusammensetzung. Im Müll können die Stoffgruppen sehr unterschiedlich sein. Die dunkleren Bereiche zeigen den Mindestanteil der jeweiligen Stoffgruppe an.
1 = Feinmüll (z.B. Sand, Asche).
2 = Papier, Feinpappe.
3 = organische Küchenabfälle.
4 = Glas. 5 = Metall.
6 = Steine, Ton, Porzellan.
7 = Holz, Leder, Gummi, grobe Pappe, Knochen.
8 = Kunststoffe.

Tab. 29.1. Vergleich der Zusammensetzung von Heizöl und Pyrolyseöl

Zusammensetzung [Gew.-%]	Heizöl	Pyrolyseöl	Pyrolyseöl aus Altreifen
C	85,7	57,5	88,0
H	10,5	7,6	8,5
S	0,5–3,5	0,1–0,3	1,15
Cl	–	0,3	–
O	} 2,0	33,4	
N		0,9	
Aschegehalt	0,5	0,2–0,4	< 0,01
Heizwert [MJ/kg]	42	24	41

Aufgaben

1. Zu welcher Kunststoffklasse gehört Neopren,

$$\cdots -CH_2-C(Cl)=CH-CH_2-CH_2-C(Cl)=CH-CH_2- \cdots \;?$$

Aus welchem Monomer könnte man es herstellen?
2. Erkläre, warum Polyurethanfasern „hart", Polyethenfasern hingegen „weich" sind.
3. Formuliere in einer Reaktionsgleichung die Umsetzung von Phthalsäureanhydrid mit Glycerin. Welche Eigenschaften sind beim Produkt zu erwarten?
4. Begründe, weshalb thermoplastische Polymerisate mengenmäßig an der Kunststoffproduktion einen so hohen Anteil haben.
5. Weshalb darf PVC zur Verpackung von Lebensmitteln nicht verwendet werden?
6. Erkläre, durch welche Reaktionen die Bausteine von Polyamiden zurückgewonnen (depolymerisiert) werden könnten.

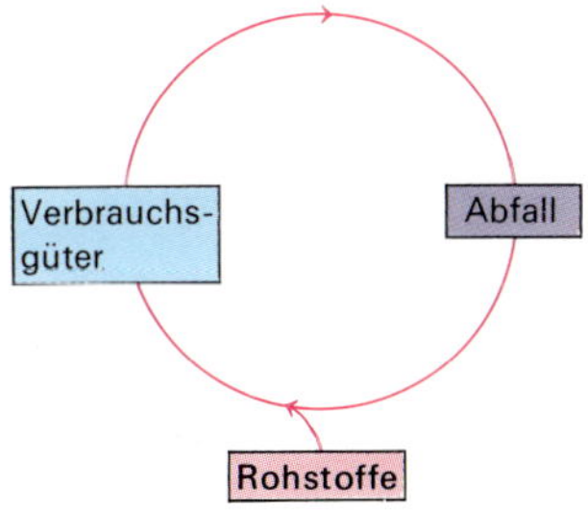

Abb. 29.3. Recycling

5. Zusammenfassung

Kunststoffe sind makromolekulare Werkstoffe, die vollsynthetisch oder durch Abwandeln von Naturstoffen hergestellt werden. Sie lassen sich in die drei Hauptgruppen Thermoplaste, Duroplaste und Elastomere einteilen.
Der Aufbau von Kunststoffen beginnt mit kleineren Molekülbausteinen. Haben diese zwei Verknüpfungsmöglichkeiten, entstehen lineare Makromoleküle. Molekülnetzwerke oder Harze bilden sich, wenn mehr als zwei Verknüpfungsmöglichkeiten vorhanden sind. Mögliche Reaktionsarten sind Polymerisation, Polykondensation und Polyaddition. Sie verlaufen radikalisch oder ionisch. Molekülgröße, Aufbau und Struktur bestimmen die Gebrauchseigenschaften von Kunststoffen. Der Zusammenhalt der Makromoleküle untereinander wird durch nebenvalente Kräfte bestimmt. Innere und äußere Weichmachung sowie Verstreckung können die Größe dieser Kräfte beeinflussen.
Alle Massenkunststoffe lassen sich aus Erdöl herstellen. Mengenmäßig haben Polymerisationskunststoffe den größten Anteil an der Produktion. Ihre Verwendung schafft auch Umweltprobleme, die hauptsächlich mit geringer Verrottbarkeit und schädlichen Emissionen bei der Müllverbrennung zusammenhängen.

Literatur

Billmeyer, F.W.: Einführung in die Kunststoffchemie. Freiburg 1974

Bukatsch, F. und *Glöckner, W. (Hrsg.):* Experimentelle Schulchemie, Band 6/I und 6/II. Köln 1975 und 1976 (Studienausgabe Band 8 und 9, 1977)

Flügel, R.: Kunststoffe: Chemie, Physik und Technologie. Göttingen 1963

Franik, R.: Demonstrationen zur Kunststoffchemie. PRAXIS-Schriftenreihe Chemie, Band 16. Köln, 2. Aufl. 1973

Menges, G.: Werkstoffkunde der Kunststoffe. Berlin 1970

Runge, F. und *Taeger, E.:* Einführung in die Chemie und Technologie der Kunststoffe. Berlin 1976

Wagner, F.: Kompendium der Kunststoffe. Essen 1974

Zenker, G.: Chemiefasern. PRAXIS-Schriftenreihe Chemie, Band 19. Köln 2. Aufl. 1980

Abb. 31.1. Malerei in der Höhle von Lascaux

Farbstoffe

6. Natürliche Farbstoffe und künstliche Farbstoffe

Erforderliche Kenntnisse und Fähigkeiten

Grundzüge der organischen Chemie

Von alters her faszinierten farbige Substanzen den Menschen und regten ihn zum künstlerischen Gestalten an. Aus der Altsteinzeit sind viele Höhlenmalereien erhalten. Zu ihrer Anfertigung wurden Mineralfarben verwendet, zu denen auch die heute noch gebräuchlichen Malerfarben wie z.B. Ultramarin ($Na_8Al_6Si_6O_{24}S_2$), Zinkweiß (ZnO) oder Chromgelb ($PbCrO_4$) zählen.
Auch Nahrung und Kleidung wurden gefärbt, wozu pflanzliche und tierische Naturfarbstoffe herangezogen wurden. Curcumin z.B. ist auch heute noch als Lebensmittelfarbstoff für Curry und Senf in Gebrauch. Wie Faseruntersuchungen von Grabbeilagen zeigen, wurden Cochenille, Purpur und Indigo schon im Altertum als Textilfarbstoffe verwendet.

Abb. 31.2. Gewebestreifen aus gefärbten Fasern (Ägypten, 5. Jahrhundert)

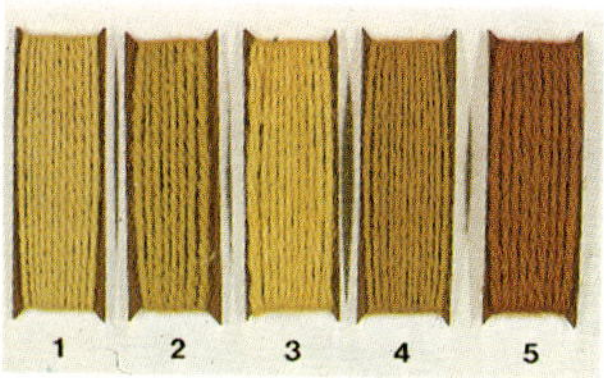

Abb. 32.1. Färbeproben mit einigen natürlichen gelben Farbstoffen. 1 = Färberwau (*Reseda luteola*), 2 = Färberginster (*Genista tinctoria*), 3 = Kreuzdornbeere (*Rhamnus catartica*), 4 = Gelbholz (*Morus tinctoria*), 5 = Fischholz (*Rhus cotinus*)

Viele natürliche Farbstoffe sind nur in sehr kleinen Mengen erhältlich. In den Jahren 1909 bis 1911 konnte z.B. *Friedländer*[1] aus 12000 Purpurschnekken gerade 1,4 g des reinen Farbstoffs isolieren.
Farbstoffe galten daher ursprünglich als Kostbarkeiten und blieben oft nur bestimmten Klassen der Gesellschaft vorbehalten. Das Gelb der Mandarin-Gewänder aus Gelbbeeren (*Sophora japonica*) war z.B. ausschließlich für die chinesischen Kaiser bestimmt.
Mit Beginn der Industrialisierung wurde intensiv nach Möglichkeiten gesucht, **synthetische Farbstoffe** in ausreichender Menge herzustellen. Nach der Synthese von Pikrinsäure als erstem künstlichen Farbstoff entstand im 19. Jahrhundert eine Farbenindustrie, aus der sich rasch die heutige chemische Großindustrie entwickelte.

Tab. 32.1. Zusammenstellung einiger natürlicher Farbstoffe

Farbstoff	Rohmaterial	Hauptvorkommen	Verwendung
Indigo	Indican	*Indigofera tinctoria*	Textilfarbstoff
Dibromindigo	antiker Purpur	*Murex brandaris* (Purpurdrüse)	Textilfarbstoff
Alizarin	Krapp	*Rubia tinctorum* (Wurzeln)	Textilfarbstoff
Rutin	Gelbbeere	*Sophora japonica*	Textilfarbstoff
Carotine	Möhren	*Daucus carota*	Lebensmittelfarbstoff
Curcumin	Curcuma	*Curcuma longa*	Gewürz, Lebensmittelfarbstoff (Senf)
Crocin	Safran	*Crocus sativus* (Blütennarben)	Gewürz, Lebensmittelfarbstoff
Lawson	Henna	*Lawsonia alba* (Blätter, Triebe)	Schminke
Carminsäure	Cochenille	Schildlaus (*Coccus cacti*)	Schminke
Chlorophylle	Blätter	Brennessel *Urtica*	zum Färben von Seifen, Ölen, Zahnpasta
Azolithmin	Lackmus	*Leucanora-*, *Ochrolechia-*, *Rocella*-Flechten	zum Färben von Seifen, Zahnpasta, Cremes
Hämin	Blut	Erythrocyten	Rohstoff für pharmazeutische Präparate

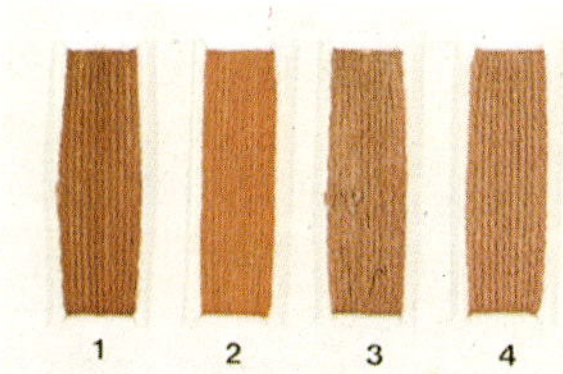

Abb. 32.2. Färbeproben mit einigen natürlichen roten Farbstoffen. 1 = Krapp (*Rubia tinctorum*), 2 = Cochenille (*Coccus cacti*), 3 = Kermes (*Kermococcus ilicis* – Schildlaus), 4 = Französischer Purpur (*Rocella* – Flechten)

Abb. 32.3. 1 = Purpurfärbung aus der Purpurschnecke, 2 = Vergleichsfärbung mit synthetischem Purpur

Mit der großtechnischen Herstellung synthetischer Farbstoffe konnte man sehr bald die natürlichen Farbstoffe im Preis unterbieten. Zudem übertrafen die synthetischen Farbstoffe die natürlichen in ihren Eigenschaften. Heute haben von den Naturstoffen noch Huminsäuren (Cassler Braun) zum Färben von Leder und Packpapier eine wirtschaftliche Bedeutung.

[1] *Paul Friedländer* (1857 bis 1923)

Tab. 33.1. Die Produktion synthetischer Farbstoffe in den wichtigsten Herstellerländern in 10^3 t

	1971	1972	1973	1974	1975	1976
Bundesrepublik	109,8	125,0	133,1	147,9	86,8	150,3
Frankreich	26,9	29,9	31,1	30,7	22,0	34,3
Italien	13,0	13,5	14,6	14,7	9,5	14,3
Großbritannien	40,9	48,4	50,2	48,0	38,5	46,5
USA	111,2	119,5	129,0	124,9	92,5	101,3
Japan	51,2	59,2	57,4	45,8	38,8	49,8

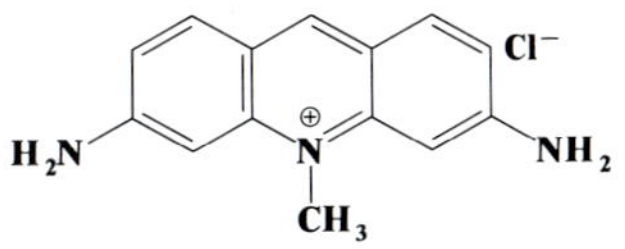

Trypaflavin (gelb)
(3,6-Diamino-10-methyl-acridiniumchlorid)

Die Zahl der heute bekannten farbigen Verbindungen ist außerordentlich groß; eine Zuordnung zu einer bestimmten Substanzklasse ist nicht möglich. Auch in ihren Eigenschaften unterschiedliche Stoffe wie **Desinfektionsmittel** (Trypaflavin), **Sprengstoffe** (Pikrinsäure) oder **Indikatoren** für Säure-Base-Titrationen (Phenolphthalein) gehören dazu. Eine Einteilung aller farbgebenden Stoffe wird daher nach der deutschen Industrienorm DIN folgendermaßen getroffen: Farbmittel ist der Sammelname für alle farbgebenden Stoffe.
Darunter fallen:

1. anorganische Pigmente
2. organische Pigmente
3. lösliche organische Farbstoffe.

Alle Untergruppen lassen sich weiter in natürliche und künstliche Pigmente bzw. Farbstoffe unterteilen:

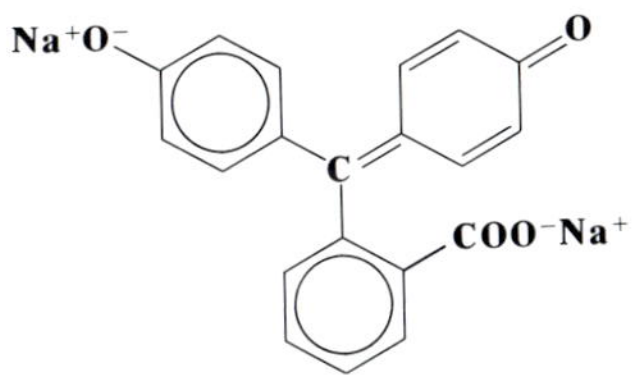

Phenolphthalein (rot)
(4,7-Dihydroxy-3,3-diphenyl-phthalid)

Tab. 33.2.

Farbmittel (alle farbgebenden Stoffe)			
	anorganische Pigmente	organische Pigmente	lösliche[1] organische Farbstoffe
natürliche	Ocker, Umbra, ...	Sepia, Cassler Braun, ...	Chochenille, Lackmus, ...
synthetische	Mennige, Ultramarin, ...	Phthalocyanine, ...	Methylorange, Methylenblau, ...

Den Weg zu den heutigen synthetischen Farbstoffen zeigt Tab. 34.1. Bei der Produktion und dem Export synthetischer Farbstoffe nimmt die Bundesrepublik einen bedeutenden Rang ein. Auch heute noch besitzt die Farbstoffindustrie eine große wirtschaftliche Bedeutung. 60% der Farbstoffproduktion gehen in die Textilindustrie, 25% bis 28% werden für Malerfarben- und Druckfarbenherstellung, auch zum Einfärben von Kunststoffen benötigt, während der restliche Anteil hauptsächlich in der Leder- und Papierindustrie verarbeitet wird.

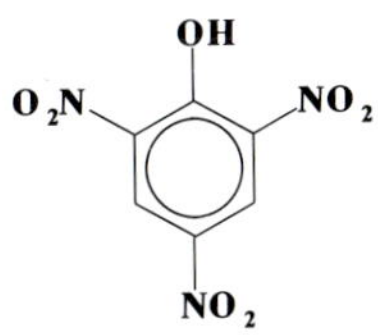

Pikrinsäure (gelb)
(2,4,6-Trinitrophenol)

Strukturformeln einiger ausgewählter Farbstoffe

[1] Die Löslichkeit bezieht sich nicht nur auf Wasser als Lösungsmittel, sondern auch auf organische Lösungsmittel.

Tab. 34.1. Einige Daten und Namen zur Farbstoffgeschichte

1834	Runge	Anilin aus Steinkohlenteer
1849	Guinon	Pikrinsäure als Seidenfarbstoff
1856	Perkin	Mauvein, erster synthetischer Farbstoff mit größerer technologischer Bedeutung
1862	Grieß	Azofarbstoffe
1863	Martius	Bismarckbraun
1876	Witt	Theorie der auxochromen und chromophoren Gruppen
1878	v. Baeyer	Totalsynthese von Indigo
1901	Bohn	Indanthrenblau
ab 1911	**Naphtol-chemie Hoechst**	Naphtol AS®-Farbstoffe
ab 1927	de Diesbach, von der Weid, Linstead	Phthalocyaninfarbstoffe
1956	**Ciba, Hoechst**	Reaktivfarbstoffe

7. Bau und Farbigkeit organischer Moleküle

Erforderliche Kenntnisse und Fähigkeiten

Licht als elektromagnetische Strahlung; Aufbau eines Spektralphotometers; Plancksche Beziehung; konjugierte Doppelbindungssysteme; π-Elektronen; Mesomerie; anellierte Ringsysteme.

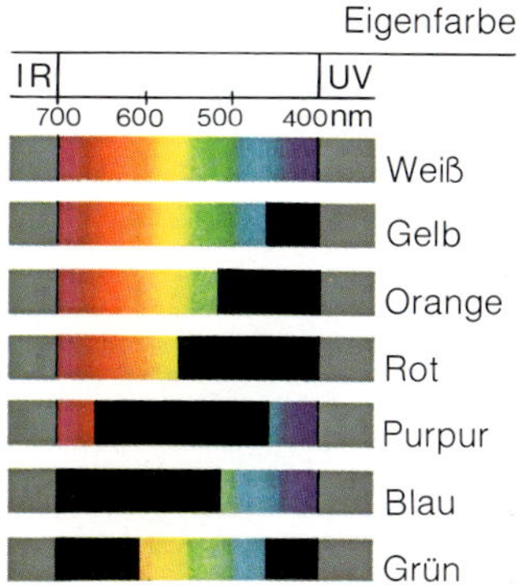

Abb. 35.2. Zusammenhang zwischen Spektralfarben und Eigenfarben

7.1. Wechselwirkung von Strahlung und Materie

Die **„Farbigkeit"** von Stoffen beruht auf einer Wechselwirkung zwischen Strahlung und Materie. Wie aus Abb. 35.1. hervorgeht, macht sichtbares Licht den kleinen Teilbereich von 400 nm bis 700 nm des Gesamtspektrums elektromagnetischer Strahlung aus. Der Eindruck von Farbigkeit entsteht, wenn die auf das menschliche Auge einfallende Strahlung nicht mehr die gleiche spektrale Zusammensetzung wie natürliches Licht besitzt.

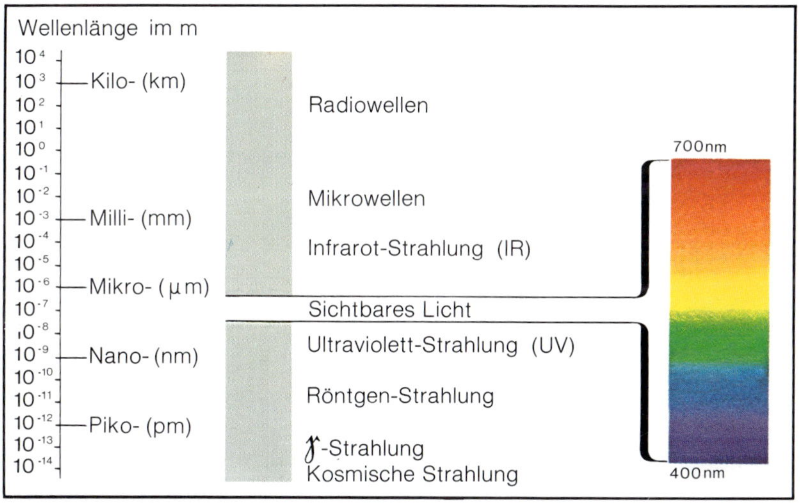

Abb. 35.1. Die Einteilung elektromagnetischer Strahlung

Die genaue Analyse der spektralen Zusammensetzung einer beliebigen Strahlung kann nur mit Hilfe eines Spektralphotometers durchgeführt werden. Auf diese Weise gewinnt man das Übersichtsspektrum einer Substanz. Es zeigt, in welchen Wellenlängenbereichen Strahlung absorbiert wird. Chlorophyll absorbiert z.B. im blauen (460 nm) und roten (660 nm) Bereich des Spektrums, erscheint dem Auge daher in der Komplementärfarbe grün.

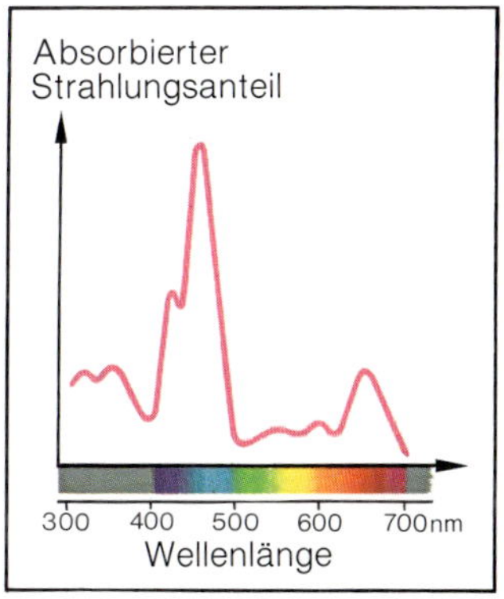

Abb. 35.3. Übersichtsspektrum von Chlorophyll b

Aufgaben

1. Eine Substanz absorbiert im blauen und violetten Teil des Spektrums. Welche Farbe hat sie?
2. Eine Substanz ist blaugrün. In welchem Teil des Spektrums absorbiert sie?

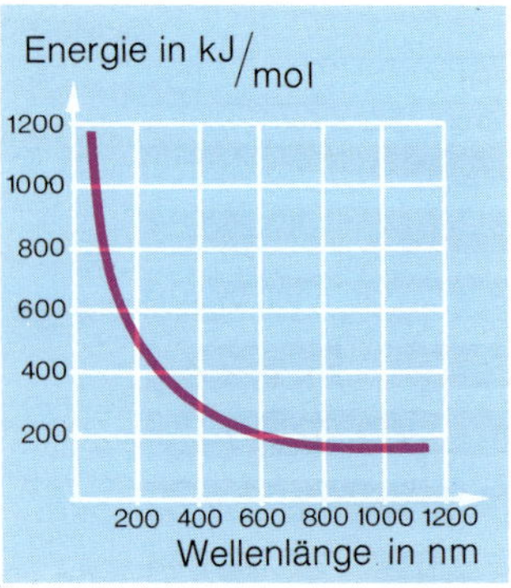

Abb. 36.1. Abhängigkeit der Lichtenergie von der Wellenlänge

7.2. Lichtabsorption

Die Ursache für die Lichtabsorption ist die Anregung von Elektronen in einer Verbindung. Aus dem Zusammenhang zwischen Energie und Wellenlänge elektromagnetischer Strahlung kann jeder Wellenlänge ein bestimmter Energiebetrag zugeordnet werden. Entspricht dieser Energiebetrag genau der Differenz zwischen dem Grundzustand eines Elektrons und einem angeregten Zustand, kann Strahlung dieser Wellenlänge absorbiert werden.
Bei einem Wasserstoffatom bestehen für das einzige Außenelektron nur wenige diskrete angeregte Zustände, die einer Anhebung auf eine höhere (energiereichere) Bahn entsprechen. Es werden daher nur wenige Linien **(Linienspektrum)** aus dem gesamten Spektralbereich absorbiert.
In Verbindungen existieren sehr viele eng beieinanderliegende Energiezustände für Elektronen. Daher werden im Gegensatz zu scharfen Linien bei Einzelatomen breite Banden von Strahlung **(Bandenspektrum)** absorbiert.

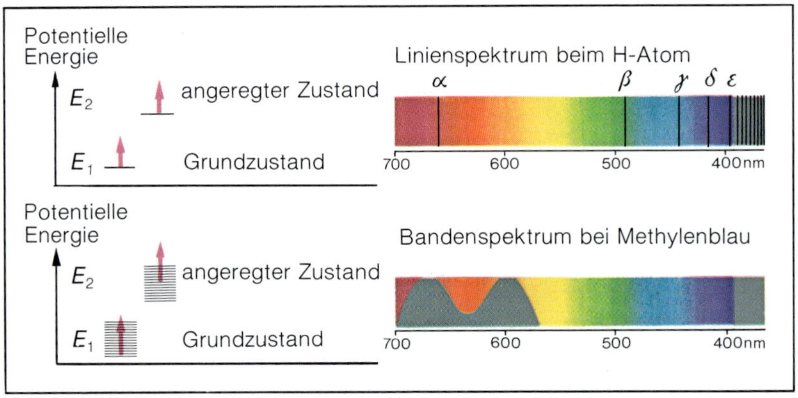

Abb. 36.2 Absorptionsspektren von Atomen und Molekülen

Ist der Energiegehalt der einfallenden Strahlung zur Elektronenanregung zu gering (langwelliger Bereich, Infrarot), werden nur Schwingungen des Molekülgerüsts hervorgerufen, die mit einem **Infrarotspektralphotometer** analysiert werden können. Für die Strukturaufklärung chemischer Substanzen haben Infrarotspektren eine große Bedeutung, da sie für jede Substanz ein ganz charakteristisches Aussehen („fingerprint") haben.
Aus dem angeregten Zustand eines Elektrons kann die Energie auf verschiedene Weise wirksam werden. Sie kann als **kinetische Energie** durch elastischen Stoß auf andere Moleküle übertragen werden (Erwärmung eines Stoffes beim Bestrahlen!). Sie führt gleichzeitig zu Gerüstsschwingungen, die bei genügend großer Anregungsenergie selbst Bindungsbrüche auslösen. **Fluoreszenz** tritt auf, wenn die Anregungsenergie als Lichtenergie wieder abgegeben wird.

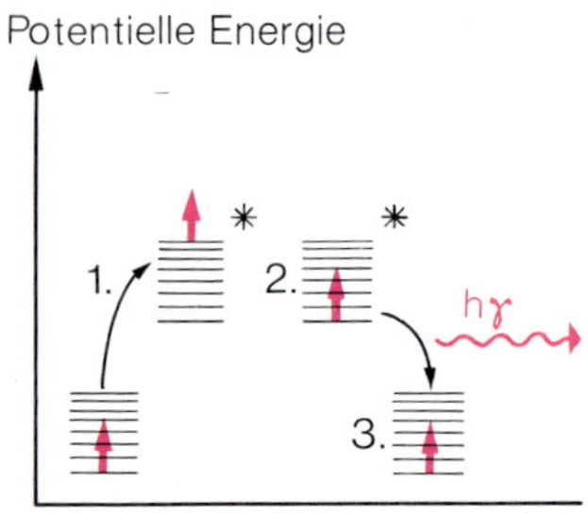

Abb. 36.3. Zustandekommen der Fluoreszenz
1. Aufnahme von Anregungsenergie
2. Strahlungsloser Übergang; Abgabe eines Teils der Anregungsenergie, z.B. auf Gerüstschwingungen
3. Abgabe von Strahlungsenergie und Rückkehr in den Grundzustand

Aufgaben

1. Hat die Fluoreszenzstrahlung eine größere, genau gleichgroße oder kleinere Wellenlänge als die Anregungsstrahlung? Begründung!
2. Welche Unterschiede bestehen zwischen Absorptionsspektren und Emissionsspektren?

7.3. Die Bedeutung von Doppelbindungen für die Lichtabsorption

Versuch

Dünnschichtchromatographie der Carotinoide aus Paprika: Etwa 1 g rotes Paprikapulver wird mit 10 ml Petrolether im Mörser verrieben. Der rote Extrakt wird direkt zur Dünnschichtchromatographie benutzt. Platten: Kieselgel. Laufmittel: Essigsäureethylester/Chloroform 1:2.

Für die Anregung von Elektronen kommen nur vergleichsweise „locker" gebundene π-Elektronen von Doppelbindungen und p-Elektronen von freien Elektronenpaaren in Frage. Selbst in einer so einfachen Verbindung wie Ethen können π-Elektronen angeregt werden. In diesem Fall erfordert die Anregung jedoch vergleichsweise viel Energie, so daß die Absorption bei sehr kurzen Wellenlängen im fernen UV-Bereich erfolgt. Durch **Konjugation** mit weiteren Doppelbindungen wird die erforderliche Anregungsenergie gesenkt, so daß die Absorption im längerwelligen Bereich stattfinden kann. Je größer und ausgedehnter das π-Elektronensystem ist, desto mehr verschiebt sich die Absorption ins Längerwellige.

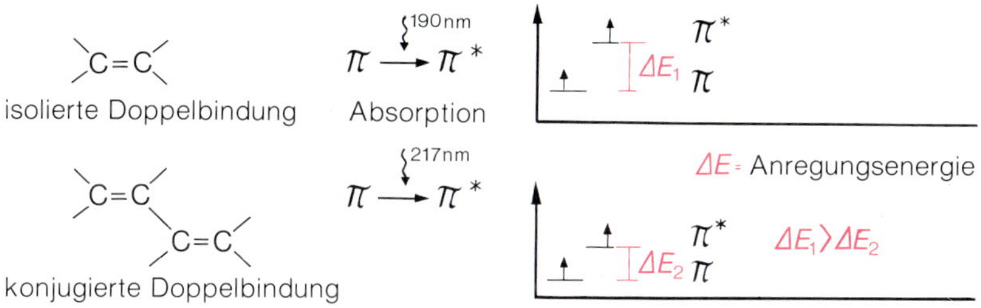

Abb. 37.1. Darstellung der Elektronenanregung

Die Carotinoide sind Beispiele für in der Natur weit verbreitet vorkommende Polyen-Systeme mit einer so großen Anzahl von Doppelbindungen, daß die Absorption im sichtbaren Bereich des Spektrums erfolgt: sie sind daher alle farbig.

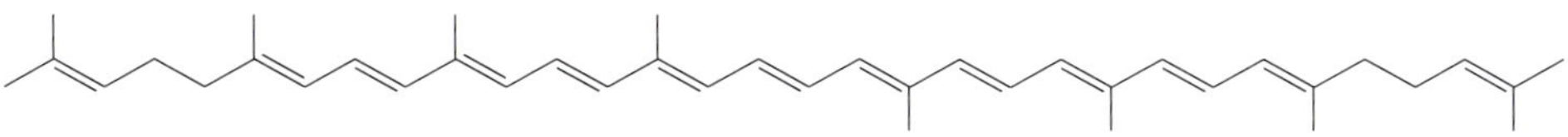

Lycopin (rot) aus Tomaten

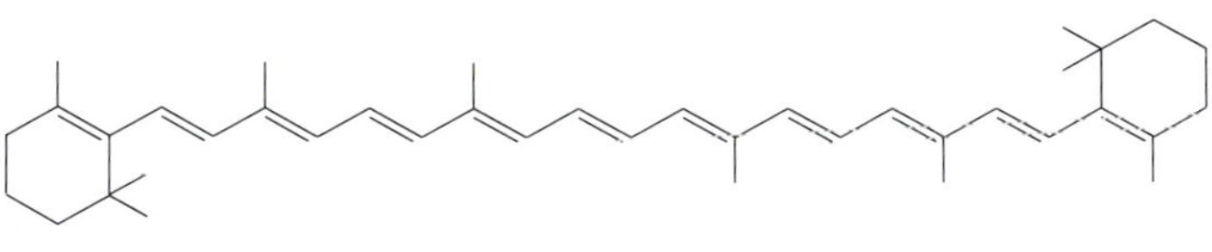

β-Carotin (gelb) aus Möhren

Carotinoide mit jeweils 40 C-Atomen („C_{40}-Carotinoide")

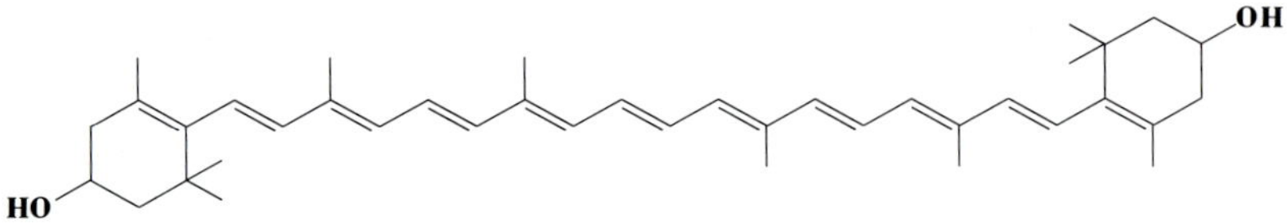

Zeaxanthin (gelb) aus Maiskörnern

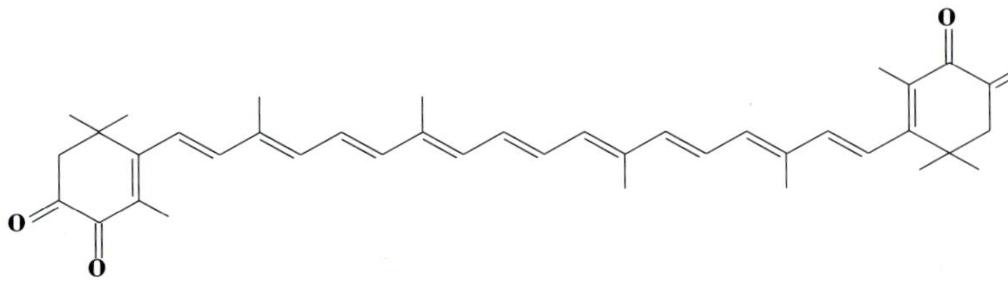

Astacin (rot) aus Hummern

Carotinoide mit jeweils 40 C-Atomen

Auf aromatische Systeme treffen die gleichen Überlegungen zu wie auf Polyene. Mit wachsender Größe des aromatischen Systems verlagert sich die Absorption in den längerwelligen Bereich.

Tab. 38.1.

Zahl der anellierten[1] Ringe	Name	Farbe
1	Benzol	farblos
2	Naphthalin	farblos
3	Anthracen	farblos
4	Naphthacen	orange
5	Pentacen	blau
6	Hexacen	grün
7	Heptacen	dunkelgrün

Aufgabe

1. In welchem Teil des Spektrums absorbieren diese Verbindungen jeweils?

Die Absorption von Lichtenergie beschränkt sich jedoch nicht auf π-Elektronen von Kohlenstoff-Kohlenstoff-Doppelbindungen. Auch bei der **Azogruppe** $-N=N-$ ist eine Elektronenanregung möglich. Allgemein nennt man alle Elektronensysteme, die in einem Molekül sichtbares Licht absorbieren können und ihm damit Farbe verleihen, Chromophore[2]. Moleküle mit Chromophoren nennt man auch Chromogene.

---

[1] von *anellus* (lat.) = kleiner Ring

[2] von *chromos* (griech.) = Farbe und *phoros* (griech.) = Träger

Tab. 39.1. Chromophore Gruppen in Farbstoffen

Schon im Jahre 1876 erkannte *Witt,* daß das Auftreten von Farbe stets an ungesättigte Gruppen gebunden ist. Wie wir heute wissen, stellen diese Gruppen π-Elektronensysteme dar.

—CH═CH—	Kohlenstoff-Kohlenstoff-Doppelbindung
>C═O	Carbonyl-Gruppe
—N═O	Nitroso-Gruppe
—N═N—	Azo-Gruppe

Sind neben einem Chromophor noch weitere Atomgruppen mit freien Elektronenpaaren vorhanden, die durch **Mesomerie** das Elektronensystem des Chromophors erweitern, wird die Absorption in das längerwellige Gebiet verschoben. Solche Gruppen wirken „farbvertiefend“ [1] und werden als **auxochrome** [2] Gruppen bezeichnet. Zu ihnen gehören die $-NH_2$, $-OH$ und $-NO_2$-Gruppe. Besonders ausgedehnte delokalisierte Elektronensysteme entstehen bei gleichzeitiger Anwesenheit von Gruppen, die Elektronen abgeben und solchen, die Elektronen aufnehmen können (Donor-Acceptor-Chromogene). Aus einem Stammfarbstoff werden so durch Abänderung auxochromer Gruppen bestimmte gewünschte Farbtöne hergestellt.

[1] farbvertiefende Gruppen bezeichnet man auch als „bathochrome“ Gruppen

[2] von *auxano* (griech.) = Zunehmen und *chroma* = Farbe

Aufgaben

2. Welche funktionelle Gruppe von p-Nitranilin kann Elektronen abgeben, welche Gruppe kann Elektronen aufnehmen? Schreibe eine dazu passende Grenzstruktur!
3. Erkläre die Farbverschiebung von Nitrobenzol zu p-Nitranilin.
4. Vergleiche die Farbe von Anilingelb, Chrysoidin und 4-Amino-4′-nitroazobenzol. Erkläre die Farbverschiebung gegenüber Anilingelb.

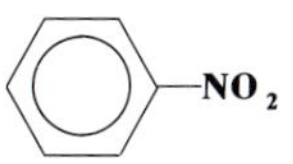

Nitrobenzol
(gelblich)

p-Nitranilin
(orange)

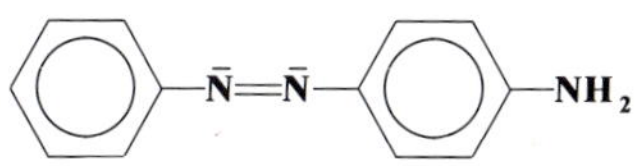

Anilingelb
(p-Aminoazobenzol)

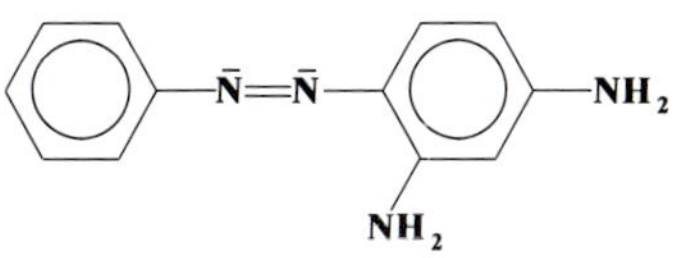

Chrysoidin (orange)
2,4-Diaminoazobenzol

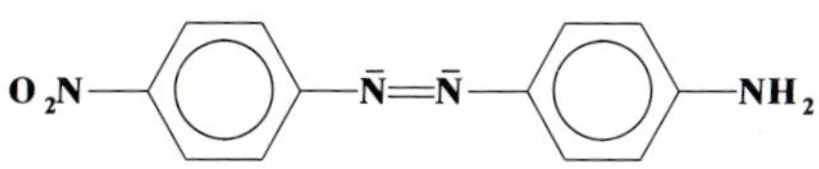

4-Amino-4′-nitroazobenzol
(orange)

Zusammenhang zwischen Molekülbau und Farbigkeit einer Verbindung

Bei Indikatorfarbstoffen wie z.B. bei Methylorange führt die Protonierung zum Farbumschlag. Auch viele Pflanzenfarbstoffe wie Flechtenfarbstoffe (Lackmus) oder Anthocyane (aus Kornblume und Rose) zeigen dieses Verhalten.

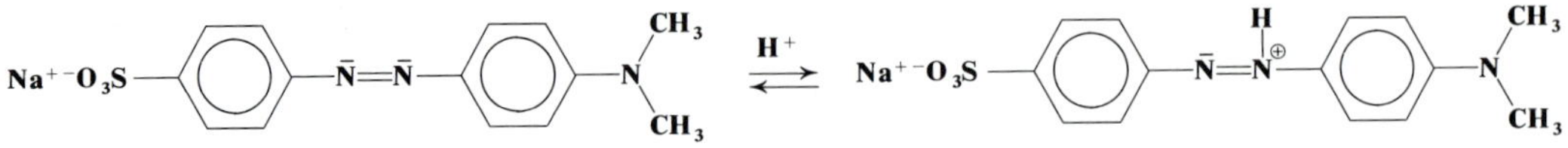

Methylorange (gelb) (rot)

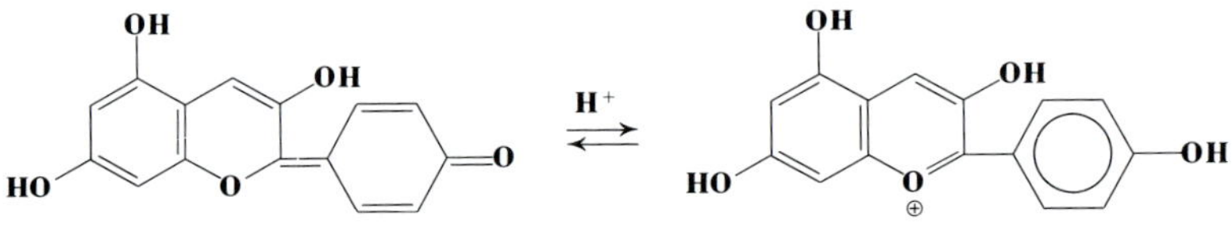

Pelargonidin[1]
(blau)

(rot)

[1] Pelargonidin ist ein Anthocyan und kommt in Rosen, Kornblume und Rotkohl vor.

Als Indikatorfarbstoffe geeignete natürliche und synthetische Farbstoffe

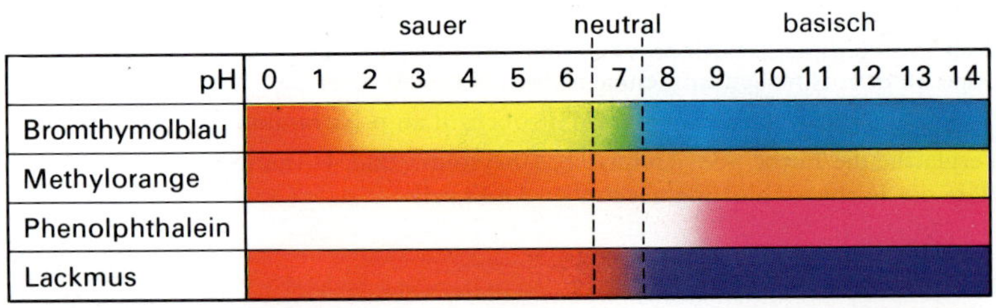

Abb. 40.1. Farben einiger Säure-Base-Indikatoren in saurer und in alkalischer Lösung

8. Einige wichtige Farbstoffklassen

Erforderliche Kenntnisse und Fähigkeiten

Bau und Eigenschaften aromatischer Amine. Diazotierung und Eigenschaften von Diazoniumsalzen; chinoide Systeme; aromatische Ringsysteme; Heterocyclen.

8.1. Azofarbstoffe

Versuche

1. Lösungen von 5 g Sulfanilsäure in 12,5 ml NaOH ($c = 2$ mol/l) und 2 g Natriumnitrit in 25 ml Wasser werden zusammengegeben und im Eisbad abgekühlt. Anschließend wird durch Eingießen in 12,5 ml eisgekühlte HCl ($c = 2$ mol/l) diazotiert. Diese Diazoniumsalzlösung wird in eine Lösung von 3 g Dimethylanilin in 25 ml HCl ($c = 1$ mol/l) eingegossen. Beim Versetzen mit Natronlauge fällt das Endprodukt Methylorange (Natriumsalz von p,p'-Dimethylaminoazobenzolsulfonsäure) aus.

2. Mit einer Probe von Methylorange wird die Eignung als Indikatorfarbstoff untersucht.

Die Reaktion der Diazotierung entdeckte *Peter Grieß* im Jahre 1857. Dieser Reaktionstyp befruchtete die Farbstoffchemie in hohem Maße. Durch Diazotierung und Azokupplung bestehen sehr weitgehende Variationsmöglichkeiten bei der Synthese, so daß ein großes Sortiment unterschiedlich getönter Farbstoffe hergestellt werden kann. Wichtigster Ausgangsstoff war Anilin, das man aus dem Steinkohlenteer gewann („Teerfarbenindustrie").

1. Diazotierung

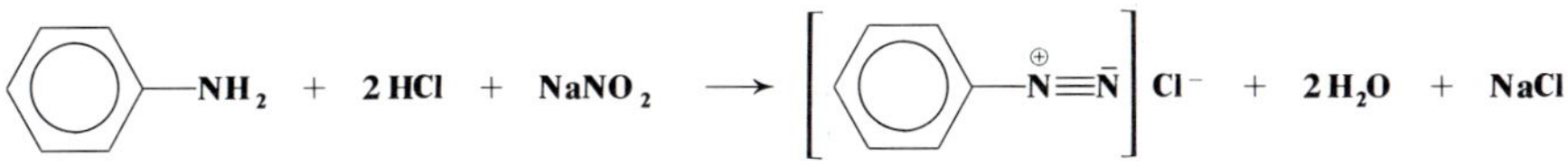

Azokomponente
Anilin

Diazoniumsalz
Benzoldiazoniumchlorid

2. Azokupplung

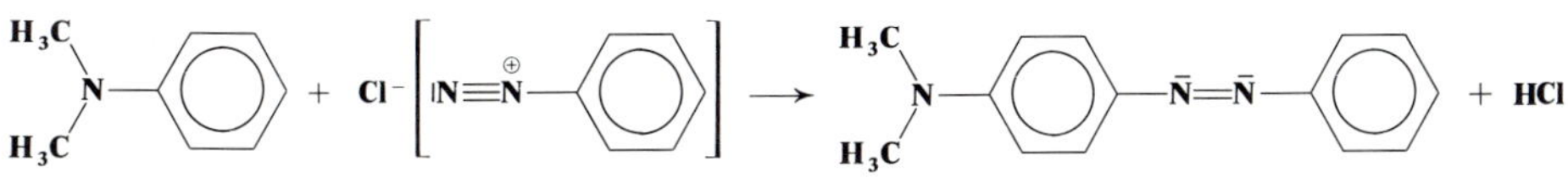

Kupplungskomponente
Dimethylanilin

Azofarbstoff
p-Dimethylaminoazobenzol
(Buttergelb)

Die ersten Azofarbstoffe wurden in den Handel gebracht (von *Martius* und *Grieß* im Jahre 1863), ohne daß man genaue Kenntnisse über ihre Struktur besaß. Erst im Jahre 1865 veröffentlichte *Kekulé* seine Vorstellung über die Bindungsverhältnisse im Benzolmolekül, die schließlich gezielte Farbstoffsynthesen ermöglichte. Buttergelb (p-Dimethylaminoazobenzol) wurde lange Zeit zum Anfärben von Margarine als Lebensmittelfarbstoff verwendet, bis man im Jahre 1934 *(T. Yoshida)* seine krebsauslösende Wirkung erkannte.

Basische Azofarbstoffe entstehen, wenn die Kupplungskomponente oder die Azokomponente basische Seitengruppen enthalten. Ein Vertreter dieses Farbstofftyps ist Anilingelb (p-Aminoazobenzol),

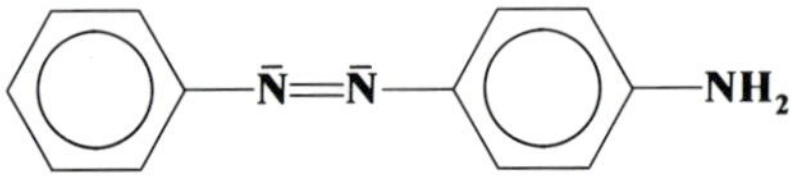

Saure Azofarbstoffe enthalten oft Sulfonsäure-Reste. Ein Beispiel ist Orange I:

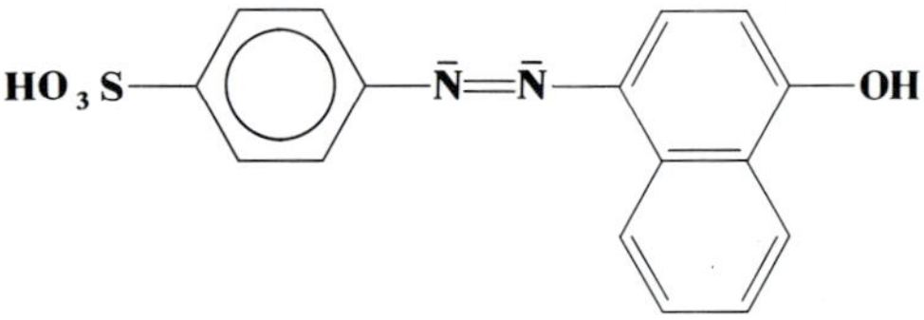

Eine wichtige Kupplungskomponente ist auch Naphtol AS[1], die sich hervorragend für Baumwollfärbungen eignet.

Formel für Naphtol AS:

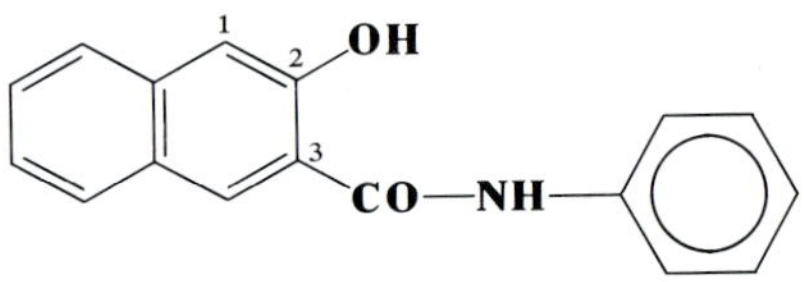

Aufgaben

1. Aus welchen Ausgangsstoffen läßt sich Orange I herstellen?
2. Die Kupplung von Naphtol AS mit Diazoniumsalzen erfolgt in Stellung 1 (siehe Formel). Begründe diesen Sachverhalt!
3. Weshalb erfolgt die Kupplungsreaktion mit Phenolen sehr leicht, wenn das Diazoniumsalz einen elektronenziehenden Substituenten trägt?

Abb. 42.1. Fluoresceinlösung unter UV-Licht

8.2. Triphenylmethanfarbstoffe

Versuch

Ein Gemisch von 1 g Phthalsäureanhydrid, 1 g Phenol und 2 Tropfen konz. H_2SO_4 wird 5 Minuten in einer Porzellanschale am Schmelzen gehalten. Nach dem Erkalten läßt sich das gebildete Phenolphthalein mit wenig Ethanol aus der Schmelze extrahieren.

Triphenylmethan ist Grundkörper einer Reihe bekannter Farbstoffe. Dazu gehören z.B. Malachitgrün, Kristallviolett und die Reihe der **Phthaleine.**

[1] Naphtol AS von **A**nilid-**S**äure

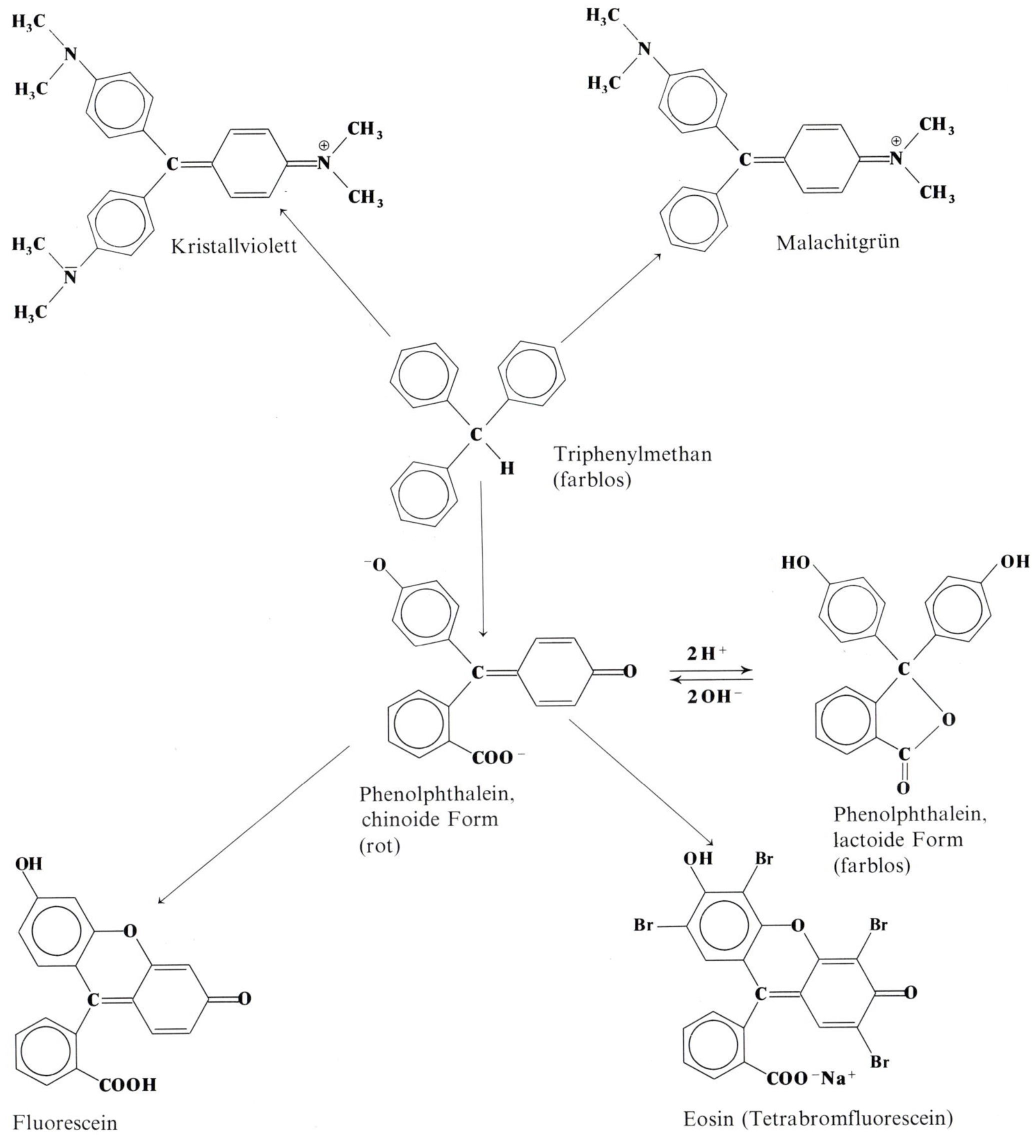

Strukturformeln einiger Triphenylmethanfarbstoffe

Aufgaben

1. Begründe, weshalb Kristallviolett und Malachitgrün durch Reduktion mit Wasserstoff farblos werden.
2. Auf welche Weise könnte man Eosin aus Fluorescein herstellen?

9. Wechselwirkungen zwischen Fasern und Farbstoffen – Färbeversuche

Versuche

1. Färben mit einem **Beizenfarbstoff:**
10 g Baumwollgarn werden 2 Stunden in einer Lösung von 0,4 g Tannin in 200 ml Wasser bei 60 °C bis 70 °C gebeizt. Anschließend wird der Garnstrang durch Abstreifen zwischen 2 Glasstäbchen entwässert. In einem zweiten Bad aus 0,2 g Kalium-aquo(tartrato)antimonat(III) (Brechweinstein) in 200 ml Wasser wird kurz gespült und danach 20 Minuten in kaltem Wasser gewässert. Das so vorbehandelte Garn wird in einer Lösung aus 0,1 g Rhodamin FB (BASF) in 200 ml Wasser und 0,5 ml Essigsäure ($c = 5$ mol/l) bei 60 °C bis 70 °C 30 Minuten gefärbt. Anschließend wird mit Wasser gespült.

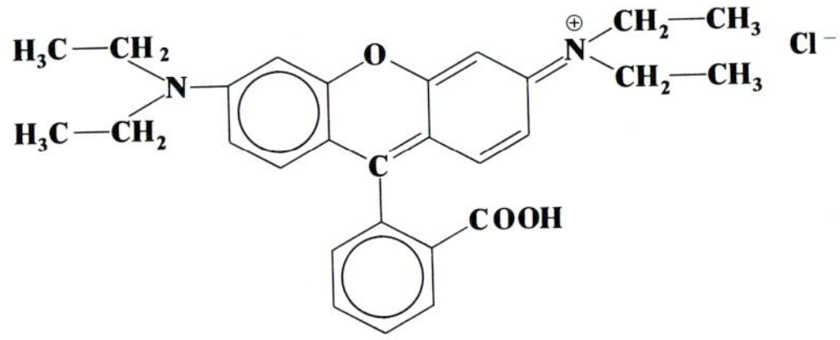

Strukturformel des Rhodamin FB

2. Färben mit einem **Küpenfarbstoff:**
Zu 1 g Indigo, suspendiert in 50 ml Wasser von 60 °C, werden 2 ml konz. NaOH und 1 g Natriumdithionit[1] gegeben. Nachdem beim Rühren eine gelbe Lösung entstanden ist, kann ein Stück Wollgewebe einige Minuten unter Rühren mit dem Glasstab hinzugegeben werden. Danach läßt man das Gewebe abtropfen, wäscht kurz mit schwach essigsaurem Wasser, anschließend mit klarem Wasser und läßt an der Luft trocknen.

3. Färben mit einem **Entwicklungsfarbstoff:**
1 g Naphtol AS wird in 50 ml Ethanol gelöst und mit 1 ml NaOH ($c = 1$ mol/l) versetzt. Diese Lösung wird zu 500 ml Wasser, das 5 ml NaOH ($c = 1$ mol/l) enthält, gegeben. Anschließend werden 25 g Natriumsulfat eingerührt.
Eine zweite Lösung wird aus 5 g Scharlachechtsalz[2], 0,5 g Essigsäure und 2,5 g Natrium-acetat in 500 ml kaltem Wasser hergestellt. Diese Lösung wird auf 5 °C gekühlt. Eine Stoffprobe wird zunächst ca. 10 Minuten in der ersten Lösung bewegt, dann herausgenommen und abgepreßt und anschließend ca. 10 Minuten in der 2. Lösung bewegt.

4. Färben mit einem **Dispersionsfarbstoff:**
Etwa 0,3 g Lurafixblau 2 FR (BASF) werden in 300 ml Wasser von 40 °C dispergiert. Nach Zugabe von 0,3 ml Uniperol EL®[3] (BASF) werden etwa 10 g Celluloseacetat-garn gefärbt, wobei man die Temperatur langsam auf 75 °C erhöht und noch etwa 30 Minuten bei dieser Temperatur hält. Anschließend nimmt man das Garn heraus, spült kalt und trocknet.

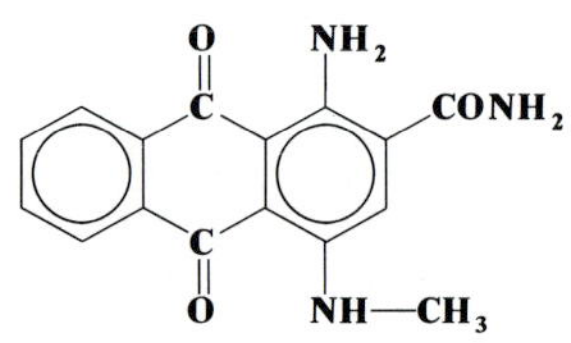

Strukturformel von Lurafixblau 2 FR

[1] Dithionite sind Salze der Dithionigen Säure $H_2S_2O_4$. Sie sind starke Reduktionsmittel.

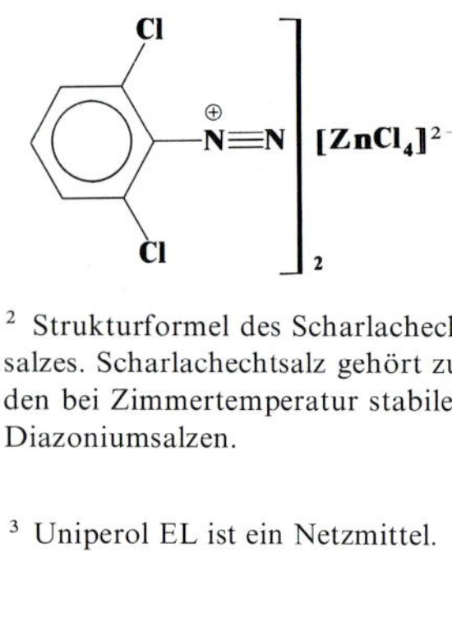

[2] Strukturformel des Scharlachechtsalzes. Scharlachechtsalz gehört zu den bei Zimmertemperatur stabilen Diazoniumsalzen.

[3] Uniperol EL ist ein Netzmittel.

5. Färben mit einem **Direktfarbstoff:**
Etwa 0,25 g Kongorot werden in 100 ml Wasser von ca. 60 °C gelöst und mit 15 g NaCl und 0,5 g Natriumcarbonat versetzt. Anschließend wird ein Stück Baumwollgewebe hineingegeben und bis zum Sieden erhitzt. Nachdem man das Gewebe noch etwa 30 Minuten unter gelegentlichem Umrühren mit dem Glasstab im Färbebad belassen hat, wird es herausgenommen, kalt gewaschen und anschließend getrocknet.

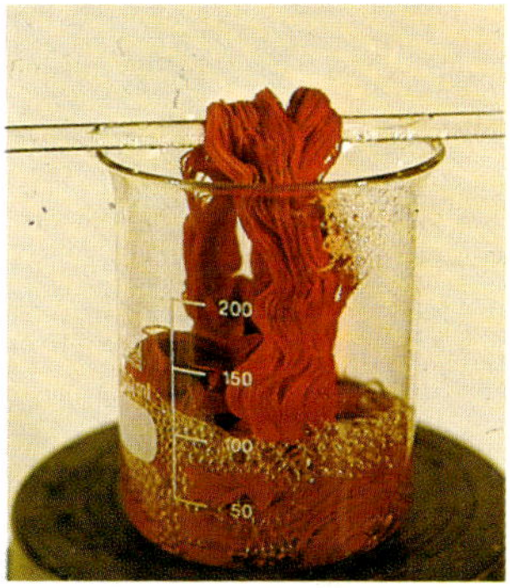

Abb. 45.1. Aufziehen eines Farbstoffes

Aufgabe

Zu welchen Farbstoffklassen gehören Lurafixblau 2 FR und Rhodamin FB?

Nicht alle farbigen Stoffe sind als Farbstoffe geeignet. Grundvoraussetzung des Färbens ist das möglichst vollständige „Aufziehen" des Farbstoffs aus dem Färbebad („Flotte") auf die Faser. Danach soll der Farbstoff möglichst fest auf der Faser haften, damit er nicht mehr abgewaschen werden kann. Diese Forderungen stehen in einem gewissen Gegensatz zueinander, da große Waschechtheit allgemein mit einer geringen Löslichkeit des Farbstoffs in der Flotte verbunden ist. Diese Schwierigkeiten können umgangen werden, wenn der Farbstoff direkt auf der Faser erzeugt oder durch chemische Bindung fest als **Reaktivfarbstoff** auf der Faser verankert wird.

Proteinfasern wie Wolle und Seide sind zur **Adsorptionsfärbung** aus der Flotte geeignet, da sie zahlreiche basische und saure Seitengruppen enthalten, die Farbstoffe salzartig binden können. Diese Färbeart ist mit sauren direktziehenden Farbstoffen wie Martiusgelb oder Echtrot A und basischen Farbstoffen wie Methylenblau und Mauvein möglich.

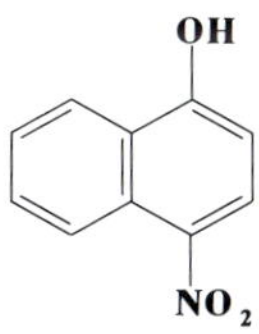

Martiusgelb

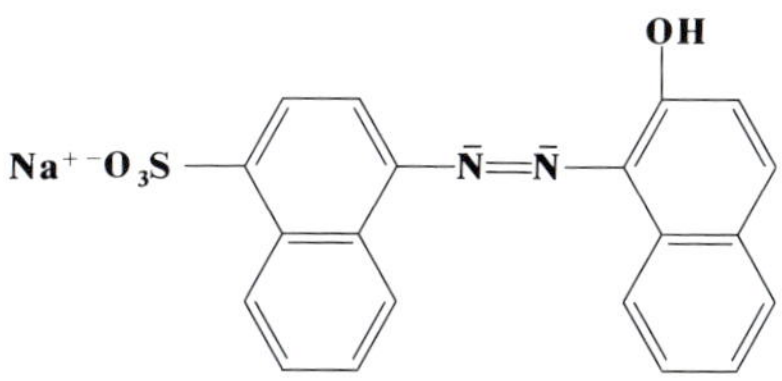

Echtrot A

saure Farbstoffe

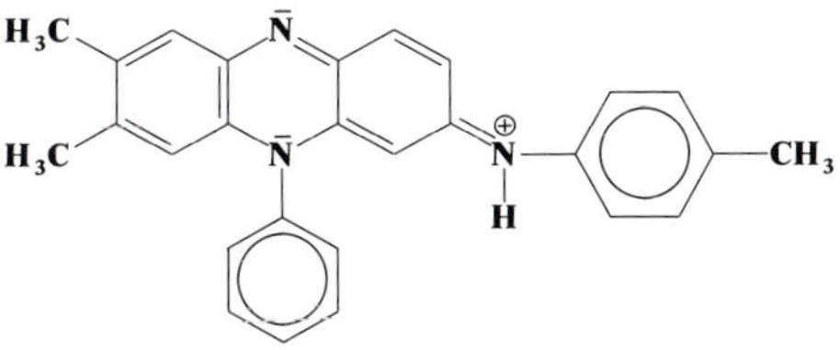

Mauvein, erster synthetischer Farbstoff (1856) von Bedeutung

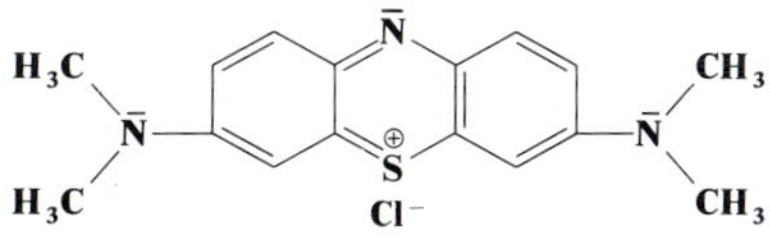

Methylenblau

basische Farbstoffe

Saure und basische Farbstoffe

Neutrale Cellulosefasern (Baumwolle, Leinen) können aus der Flotte durch **Direktfarbstoffe** gefärbt werden. Die Bindung erfolgt durch Wasserstoffbrükken zwischen den OH-Gruppen der Cellulose und dem Farbstoff sowie Einlagerung der Farbstoffmoleküle in die kapillaren Faserhohlräume. Die wichtigsten Farbstoffe dieser Art sind die **substantiven**[1] **Azofarbstoffe,** von denen Kongorot zuerst synthetisiert wurde.

[1] Der Name rührt daher, daß sie „in Substanz" aufziehen.

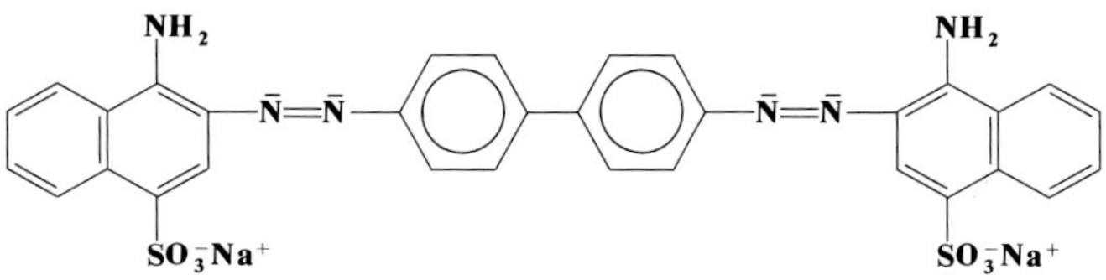

Strukturformel von Kongorot, dem ersten synthetischen Direktfarbstoff (1884)

Da relativ wenig substantive Baumwollfarbstoffe zur Verfügung stehen, findet auch die **Beizenfärbung** vielfach Verwendung. Bei dieser Färbeart verbinden sich Beizmittel wie die pflanzlichen Tannine fest mit der Oberfläche der Faser. Anschließend kann eine Verknüpfung des Farbstoffes durch Salzbildung erfolgen. Zu den Beizenfarbstoffen gehören z.B. Alizarin und seine Derivate. Auch zur Komplexbildung befähigte Metall-Ionen wie Al^{3+}- und Cr^{3+}-Ionen können als Beizmittel fungieren.

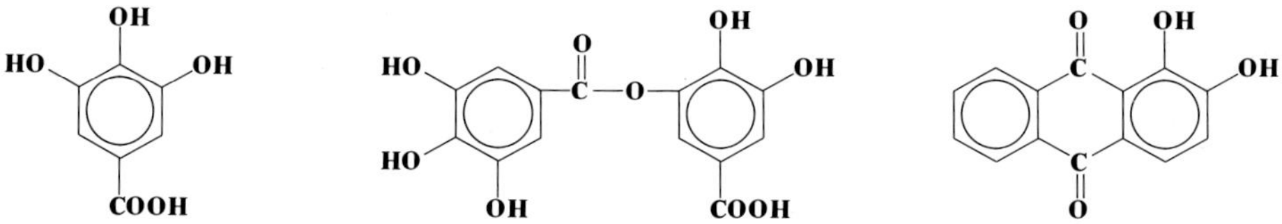

Gallussäure m-Digallussäure Alizarin

Natürliche Beizmittel aus pflanzlichen Tanninen

Strukturformeln natürlicher Beizmittel und von Alizarin

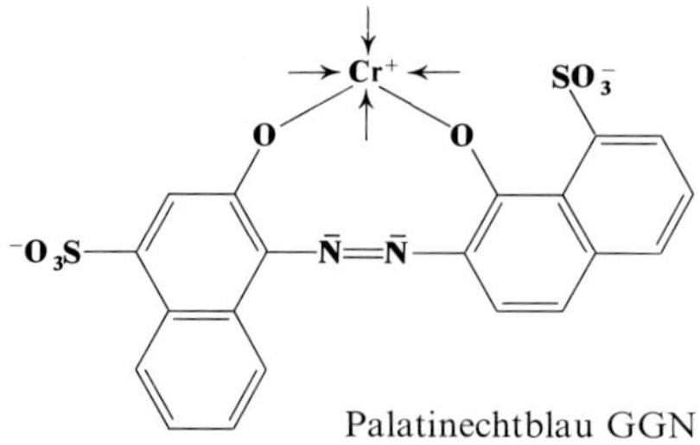

Palatinechtblau GGN

Aufbau von Komplexfarbstoffen. Als zur Komplexbildung befähigtes Ion kann Cr^{3+} über zwei Bindungsstellen den Farbstoff Palatinechtblau GGN (BASF) binden. Die Verknüpfung mit der zu färbenden Faser erfolgt über OH– oder NH_2–Gruppen

Eine weitere Färbemethode ist die **Küpenfärbung,** für die sich Cellulosefasern eignen: Die Faser wird in eine alkalische Lösung mit dem reduzierten wasserlöslichen Farbstoff („Küpe") getaucht. An der Luft oxidiert die adsorbierte Leukoverbindung zum wasserunlöslichen Farbstoff.

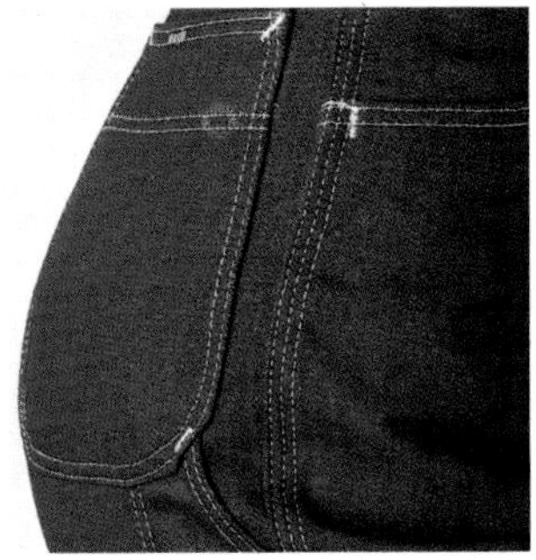

Abb. 47.1. Indigo ist ein auch heute noch häufig gebrauchter Textilfarbstoff, z.B. zum Färben von Jeans

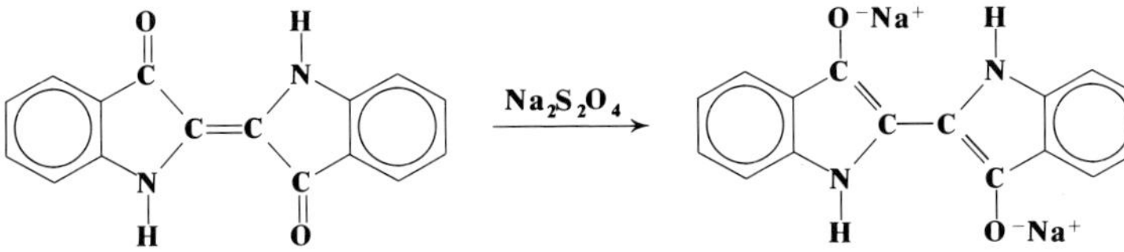

Indigo

Indigoweiß (Leuko-Indigo)

Der wichtigste Vertreter der Küpenfarbstoffe war bis zur Einführung synthetischer Farbstoffe der natürliche Indigo, der „König der Farbstoffe". Indigo liefert sehr wasch- und lichtechte Färbungen.

Farbstoffe, die in einer wäßrigen Flotte unlöslich sind, werden als Dispersionen zum Färben eingesetzt, wobei Netzmittel das Eindringen in das Faserinnere ermöglichen. Färbungen mit solchen **Dispersionsfarbstoffen** sind sehr waschecht.

Entwicklungsfarbstoffe werden direkt auf der Faser erzeugt. Bei Azoentwicklungsfarbstoffen wird die Faser zunächst mit der Kupplungskomponente getränkt („geklotzt") und anschließend in ein eisgekühltes Bad mit Diazoniumsalzlösung gebracht, wo sich der Farbstoff entwickelt **(„Eisfarben").** Mit Entwicklungsfarben sind auch **Farbdrucke** möglich. Bei diesem Verfahren wird das Gewebe mit der Naphtholkomponente bedruckt und anschließend durch eine Lösung mit diazotiertem Amin gezogen.

Auch Anilinschwarz gehört zu den **Entwicklungsfarbstoffen:** Baumwolle wird zuerst mit einem aromatischen Amin getränkt, aus dem durch Oxidation der Farbstoff gebildet wird.

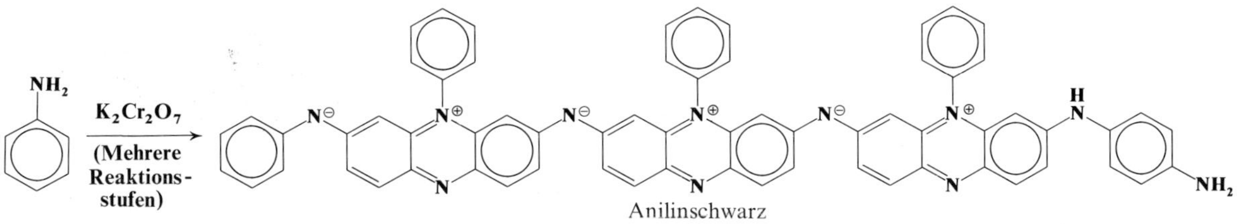

Anilinschwarz

Reaktionsfarbstoffe werden durch kovalente Bindung an die Fasern geknüpft. Sie enthalten meist eine Vinylsulfongruppe, die leicht mit Aminogruppen oder Hydroxylgruppen von Fasern reagiert.

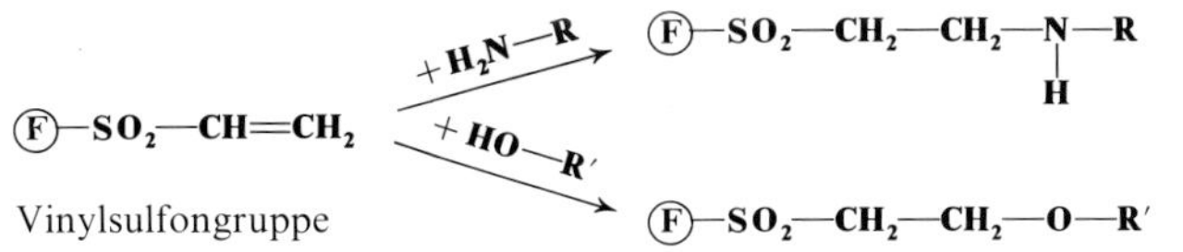

Vinylsulfongruppe

Aufgaben

1. In welchem Teil des Spektrums absorbiert Anilinschwarz?

2. Warum kuppelt diazotiertes Anilin mit Phenol langsamer als mit dem Phenolation?

3. Anilin wird diazotiert und mit m-Phenylendiamin zu einem orangefarbenen Farbstoff gekuppelt. Formuliere diese Reaktion und mache einen Strukturvorschlag für den Farbstoff. Kann man mit diesem Farbstoff Eiweißfasern färben?

4. Ordne die folgenden Substituenten in der Reihenfolge zunehmenden bathochromen Effekts: $-Cl$, $-NH_2$, $-CH_3$, $-OH$.

5. Dies ist die Formel von Anthracenblau WSR.

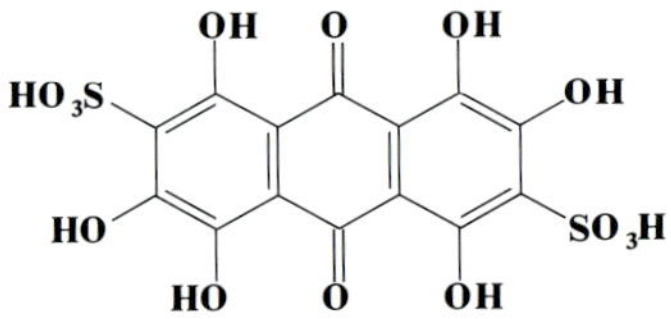

Zu welcher Farbstoffklasse gehört Anthracenblau WSR? Welche Fasern könnte man mit diesem Farbstoff anfärben? Begründe die Antwort.

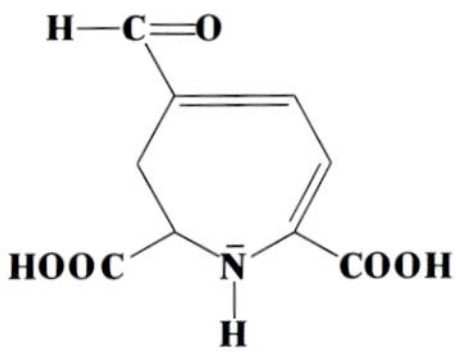

Strukturformel von Muscaflavin

6. Die leuchtend rote Farbe des Fliegenpilzes rührt von seinem Gehalt an Muscaflavin her. Welche Teile des Moleküls bauen den Chromophor auf?

7. Der Farbstoff Fuchsin hat ein Absorptionsmaximum im Bereich von 450 nm bis 540 nm. Welche Farbe hat er?

Abb. 48.1. Muster für gefärbte Stoffe und für Farbdrucke

10. Zusammenfassung

Farbstoffe sind Verbindungen mit konjugierten π-Elektronensystemen (Chromophoren), die im sichtbaren Bereich des elektromagnetischen Wellenspektrums Strahlung absorbieren. Dadurch ergeben sich oft charakteristische Absorptionsspektren. Wird ein Teil dieser absorbierten Strahlung als Lichtstrahlung wieder abgegeben, beobachtet man Fluoreszenz bei der betreffenden Substanz. Durch Einführung geeigneter auxochromer Gruppen können die Farbtiefe und die Bindungsmöglichkeiten an Fasern beeinflußt werden.
Farbstoffe können aus Naturstoffgemischen gewonnen oder synthetisch hergestellt werden. Die Entwicklung der synthetischen Farbstoffe ist dabei eng mit dem Aufbau einer chemischen Großindustrie verknüpft. Farbstoffe lassen sich keiner einheitlichen Substanzklasse zuordnen. Einteilungsmöglichkeiten bieten daher Herkunft (z.B. Pflanzen-, tierische Farbstoffe), Verwendung (z.B. Indikatorfarbstoffe), Färbetechnik (Beizen-, Küpen-, Reaktions- oder Entwicklungsfarbstoffe), Verhalten zur Faser (z.B. Direktfarbstoffe) oder rein chemische Gesichtspunkte (Azo-, Anthrachinon-, Triphenylmethan- oder Phthalocyaninfarbstoffe).

Literatur

BASF (Hrsg.): Kleines Färbe-Praktikum. (Ohne Jahresangabe)

Bukatsch, F. und *Glöckner, W. (Hrsg.):* Experimentelle Schulchemie, Band 6/II. Köln 1976 (Studienausgabe Band 9. Köln 1977)

Entschel, R.: Chemie in unserer Zeit **4**, 80–89 (1970)

Jenette, A.: Farbe, Farbstoff, Färben. PRAXIS-Schriftenreihe Chemie, Band 13. Köln, 3. Auflage 1974

Ruske, W.: Einführung in die organische Chemie (Kap. 10.2. Farbstoffe). Weinheim 1970

11. Grenzflächenaktive Stoffe und Waschvorgang

Erforderliche Kenntnisse und Fähigkeiten

Chemischer Aufbau von Fetten; Hydrolyse von Estern; Mechanismus der Esterhydrolyse; Wasserhärte; Maßanalytische Titration.

11.1. Seife und Waschmittelentwicklung

Versuch

Herstellung von Seife:
In einem kleinen Becherglas werden etwa 5 g Speisefett (z.B. Palmin) mit 10 ml Ethanol und 10 Plätzchen Kaliumhydroxid versetzt und 10 Minuten unter Rühren auf dem siedenden Wasserbad erhitzt. Sobald ein Tropfen der Reaktionsmischung in ca. 2 ml destilliertem Wasser keine Trübung mehr hervorruft, ist die Verseifung vollständig.

Die Entwicklung der Waschmittel ging von der Seife aus. Seife war schon im 3. Jahrhundert v. Chr. bekannt, wie aus sumerischen Keilschrifttontafeln hervorgeht. Sie wurde zunächst in der Medizin und als Kosmetikum verwendet. Aus Buchenholzasche und Ziegentalg hergestellte „kosmetische Seifen" benutzten auch Gallier und Germanen zum Haarefärben. Relativ spät richtete sich das Interesse auf die Körperpflege mit Seife: Erst im Jahre 120 n. Chr. empfahl der römische Arzt *Galenus* ihren Gebrauch zum Reinigen von Körper und Wäsche.
Grundstoffe für die Seifenherstellung waren von alters her die Fette. Im 4. und 5. Jahrhundert entwickelte sich ein blühendes Seifensiederhandwerk, besonders im Mittelmeerraum, weil dort Olivenöl als Rohstoff in ausreichender Menge zur Verfügung stand. Mit Beginn der Industrialisierung zu Anfang des 19. Jahrhunderts konnten die zur Seifenherstellung ebenfalls benötigten Alkalien[1] auch fabrikmäßig hergestellt werden. Dadurch wurde Seife auch breiteren Bevölkerungsschichten zugänglich.
Die chemischen Grundlagen der Verseifung wurden von *Chevreul*[2] erforscht. Die alkalische Hydrolyse von Fettsäureglycerinestern hat verwandten Hydrolysereaktionen in der Chemie den Namen „Verseifung" eingetragen.

[1] Im Jahre 1794 wurde von *Nicolas Leblanc* das nach ihm benannte Verfahren der *Sodaherstellung* erfunden. Durch die französische Revolution wurde er zur Preisgabe seines Verfahrens gezwungen. Er verarmte und ging in den Freitod.

[2] *Michael Eugène Chevreul* (1786 bis 1859)

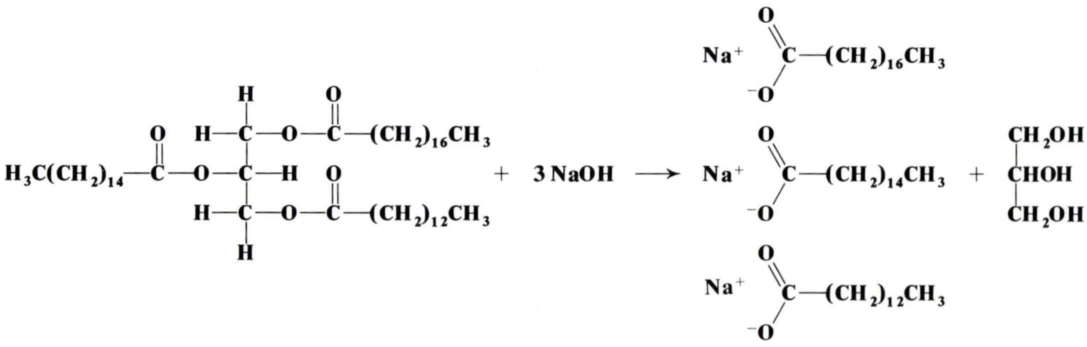

Aufgaben

1. Benenne die Produkte, die bei der Hydrolyse des Triglycerids (Formel S. 50 unten) entstehen.
2. Ist auch eine **saure** Fetthydrolyse möglich?
3. Formuliere den **Mechanismus** der Verseifung.
4. Erkläre den Begriff „Neutralfett".

Industriell wird die direkte Umsetzung von Fetten mit Wasser in Autoklaven bei hohen Temperaturen (100 °C bis 250 °C) und bis zu 60 bar Druck durchgeführt. Nach der Gleichung

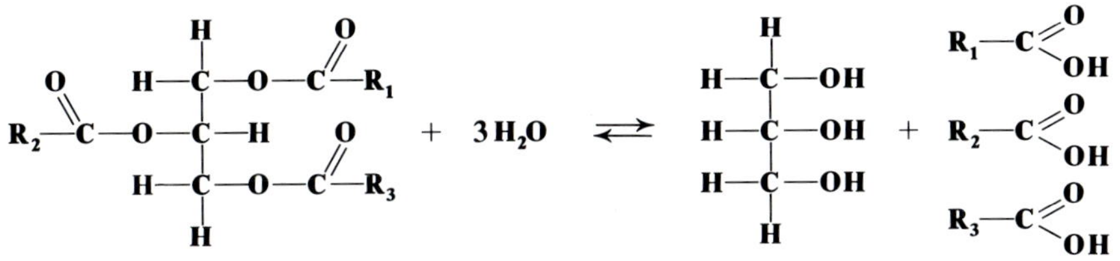

fallen dabei die freien Fettsäuren an, die durch Vakuumdestillation (ca. 2 mbar bis 10 mbar, 260 °C) gereinigt werden können.

Tab. 51.1. Zusammensetzung einiger natürlicher Fette in Gewichts-%

Fettsäuren		Schweinefett	Rindertalg	Olivenöl	Butterfett
gesättigte Fettsäuren:					
kurzkettige	C_4 bis C_{12}	–	–	–	11,0
Myristinsäure	C_{14}	0,8	6	1,1	9,3
Palmitinsäure	C_{16}	26	27	9,7	25,4
Stearinsäure	C_{18}	12	14	1,0	10,7
ungesättigte Fettsäuren:					
Palmitoleinsäure	C_{16}	2,0	–	–	5,0
Ölsäure	C_{18}	48	50	80	32,4
Linolsäure	C_{18}	7,8	2,5	7,5	–
Linolensäure	C_{18}	–	–	–	4,0

Gut geeignet zur Seifenherstellung ist Talg, ein Depotfett von Rindern und Schafen. Die Rohstoffbasis für die Seifenherstellung wurde durch Entdeckungen und Erfindungen in der Chemie ständig erweitert; die **Fetthydrierung**[1] ermöglichte z.B. die Einbeziehung von stark ungesättigten Fischölen.

Aufgaben

5. Begründe, weshalb nicht-hydrierte Fischöle zur Seifenherstellung ungeeignet sind (Lösungshinweis: Vergleiche die Schmelzpunkte von Stearin-, Öl-, Linol- und Linolensäure!).
6. Diskutiere, welche Auswirkungen die Erfindung des Dynamits auf die Seifenproduktion hatte (Lösungshinweis: Ausgangsstoffe der Dynamitproduktion?).

[1] *Paul Sabatier* (1854 bis 1941), Nobelpreis 1912, führte die katalytische Hydrierung mit Nichtedelmetallen wie Ni, Co, Cu, Fe ein. Die geringere Aktivität gegenüber Edelmetallkatalysatoren wurde durch Arbeiten in der Gasphase bei hohen Temperaturen (300 °C) ausgeglichen. *Wilhelm Normann* (1870 bis 1939) entdeckte, daß sich mit dem Verfahren von *Sabatier* Ölsäure in Stearinsäure umwandeln ließ.

11.2. Eigenschaften von Seifen

Versuche

1. Etwa 20%ige Seifenlösung wird mit verdünnter Salzsäure bis zur sauren Reaktion versetzt.

2. Eine Spatelspitze festes Natriumpalmitat wird in destilliertes Wasser gegeben und der pH-Wert gemessen.

3. Etwa 5%ige Seifenlösung wird portionsweise mit gesättigter Kochsalzlösung versetzt.

4. Zwei Reagenzgläser werden je zur Hälfte mit Wasser und ca. 10 Tropfen Speiseöl gefüllt. Zu einem Glas werden noch einige ml Seifenlösung gegeben. Beide Gläser werden kräftig geschüttelt und dann abgestellt.

5. Eine Glasplatte wird mit Siliconspray (z.B. Imprägnierspray für Schuhe) eingesprüht. Auf die präparierte Oberfläche wird je ein Tropfen destilliertes Wasser und Seifenlösung gegeben.

6. Eine etwa 5%ige Seifenlösung wird in eine Glasküvette gefüllt und von der Seite mit einer Reuterlampe bestrahlt.

7. Drei Reagenzgläser werden mit Seifenlösung halb gefüllt und tropfenweise mit Lösungen von a) Calciumchlorid b) Bleiacetat und c) Magnesiumchlorid versetzt. Anschließend werden die Reagenzgläser geschüttelt.

8. Eine Petrischale wird halb mit Wasser gefüllt. Auf die Wasseroberfläche wird gleichmäßig feines Aktivkohlepulver gestreut. Anschließend gibt man auf die Mitte der Wasseroberfläche einen Tropfen Seifenlösung.

Die wesentlichen Merkmale beim Aufbau der Seifenanionen sind die **hydrophile** Carboxylat-Gruppe und der **hydrophobe** (lipophile) Alkylrest. Moleküle, die wie Seifen hydrophile und lipophile Gruppierungen tragen, reichern sich an Grenzflächen zwischen verschiedenen Phasen[1] eines Systems an. Durch ihre Anreicherung und Ausrichtung verändern sie die Eigenschaften der Grenzflächen, d.h. sie setzen die Oberflächenspannung herab. Man sagt daher, Seifenanionen sind **grenzflächenaktiv.** Stoffe, die sich so verhalten, nennt man allgemein **Tenside.**

Tenside orientieren sich stets an den Grenzflächen: die hydrophilen Molekülteile treten mit der hydrophilen Phase, die lipophilen Molekülteile mit der lipophilen Phase des Systems in Wechselwirkung.

An der Oberfläche von Wasser (Grenzfläche Wasser/Luft) richten sich daher Seifenanionen in der Weise aus, daß der langkettige Alkylrest in die Luft ragt und das Carboxylat-Ende in das Wasser eintaucht.

[1] *Phasen* sind homogene, durch scharfe Trennungsflächen abgegrenzte und unterscheidbare Zustandsformen der Materie. Ein System aus zwei miteinander nicht mischbaren Flüssigkeiten wie H_2O und CCl_4 besteht also aus 2 Phasen.

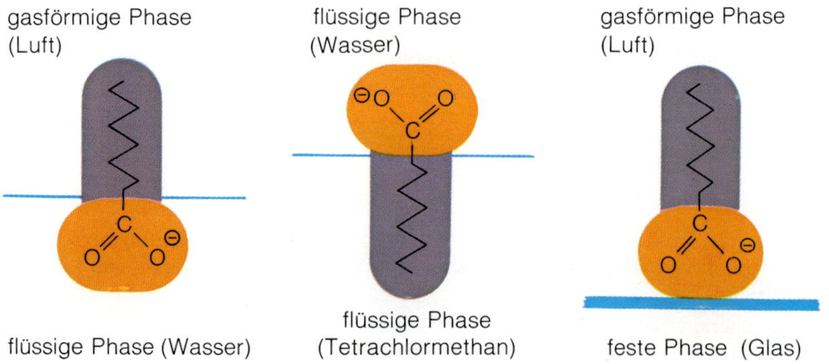

Abb. 52.1. Orientierung von Seifenanionen an verschiedenen Grenzflächen

Oberflächenaktive Seifenanionen bilden **monomolekulare** Schichten auf der Grenzfläche.
Die Kenntnis über grenzflächenaktive Stoffe hat zu einer interessanten praktischen Anwendung geführt. Da sich grenzflächenaktive Stoffe an Gewässer**oberflächen** anreichern und zusammenhängende monomolekulare Schichten bilden, behindern sie die Atmung von Mückenlarven, die auf die Aufnahme von Luft an der Wasseroberfläche angewiesen sind. Die Mückenlarven sterben ab. (Dabei spielt auch die Herabsetzung der Oberflächenspannung eine Rolle, die zu einer schädlichen Benetzung der Atemtrichter führt.) Besprüht man Gewässer mit biologisch abbaubaren, natürlichen grenzflächenaktiven Stoffen wie Lecithin aus Sojabohnen[1], so ist eine Bekämpfung der lästigen Stechmücken möglich, ohne eine Umweltbelastung durch Insektizide zu verursachen. Zur Zeit werden die Brutstätten in den Altrheinarmen mit dieser „Lipidfilmmethode" bekämpft.
Bei der Erhöhung der Konzentration an grenzflächenaktiven Teilchen kommt es zur Micellenbildung, erkennbar am *Tyndall*-Effekt. Unter Micellen versteht man kugelförmige Aggregate aus einer größeren Anzahl von Tensidmolekülen. Sie ordnen sich so an, daß die lipophilen Molekülteile das Innere der Micelle bilden, während die hydrophilen Molekülteile die Oberfläche der Micelle ausmachen. Wasserunlösliche Stoffe können den Kern von Micellen bilden und dadurch solubilisiert werden.

Aufgaben

1. Welche Kräfte halten die lipophilen Alkylreste in den Micellen zusammen?
2. Auf welche Teilchengröße läßt das Auftreten des Tyndall-Effekts schließen?

Es bleibt beim Lipidfilm

Heidelberg (lsw)
In den Rheinauen zwischen Karlsruhe und Mannheim, die von der Schnakenplage besonders heimgesucht werden, soll die Bekämpfung der Insekten mit „nichtchemischen Methoden" auch in diesem Jahr fortgesetzt werden. Nach Auskunft des Zoologischen Instituts der Universität Heidelberg vom Mittwoch ist die Ketscher Rheininsel im Rhein-Neckar-Kreis für die Erprobung eines „Modellfalls" vorgesehen. Das Landwirtschaftsministerium in Stuttgart hat der Mitteilung zufolge einen Betrag von 200000 Mark für den Versuch bereitgestellt. Man werde ein umweltfreundliches Mittel benützen, das beim Einstreuen in Tümpel und Seen, die Schnakeneier enthalten, einen „Lipidfilm" auf der Wasseroberfläche bildet. Dieser „Film" stoppt die Luftzufuhr in das Wasser und verhindert, daß Schnaken aus den Eiern schlüpfen. Auch sollen bei anderen Versuchen Tümpel gesäubert und mit Frischwasser gefüllt werden, so daß Fische dort leben können, von denen die Larven nach und nach verzehrt werden.

Abb. 53.1. Notiz aus der Rhein-Neckar-Zeitung vom 12.1.78

Die Tendenz zur Micellenbildung wird hauptsächlich durch die hydrophoben Wechselwirkungen der Alkylreste verursacht. Die Länge des Alkylrestes hat daher einen direkten Einfluß auf die Micellenbildungstendenz, die als wichtige Kenngröße für Tenside als „Kritische Micellenbildungskonzentration" experimentell bestimmt werden kann. Die hydrophoben Wechselwirkungen müssen stets größer sein als die elektrostatischen Abstoßungskräfte zwischen den einzelnen Seifenmolekülen, die durch die negativ geladenen Carboxylatgruppen bestehen. Diese Abstoßung kann durch den Zusatz von Elektrolyten herabgesetzt werden. Dadurch erhöhen sich Micellenbildungstendenz und Grenzflächenaktivität der Seife.
Mehrwertige Metall-Ionen hingegen verursachen die Ausfällung der Seifenanionen. Im Fall der Calcium-Ionen aus hartem Wasser bilden sich unlösliche Kalkseifen. Auch der pH-Wert beeinflußt die Konzentration von Seifenanionen aufgrund der Gleichgewichtsreaktion:

$$\mathbf{R{-}COO^{\ominus} + H^{+} \rightleftarrows RCOOH.}$$

In saurem Milieu kommt es zur Bildung der unlöslichen freien Fettsäuren.

Aufgabe

3. Wie verändert sich der pH-Wert einer neutralen Lösung, wenn Seife zugegeben wird?

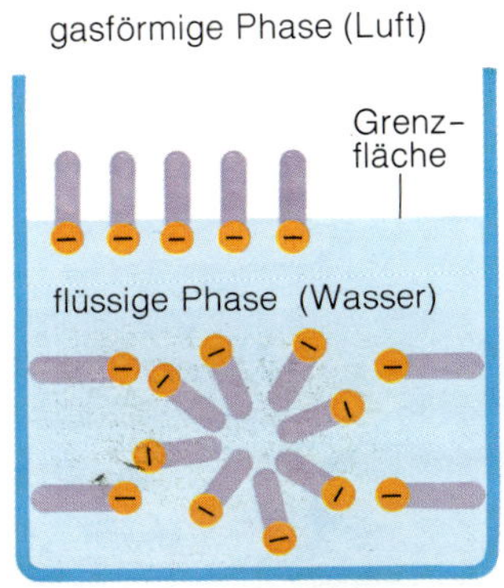

Abb. 53.2. Mizellenbildung und Anordnung von Seifenanionen an Grenzflächen

---

[1] (= „Liparol")

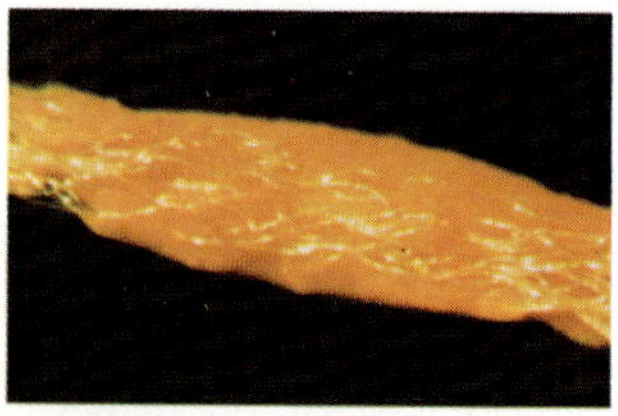

Abb. 54.1. Faden mit Eigelbverschmutzung

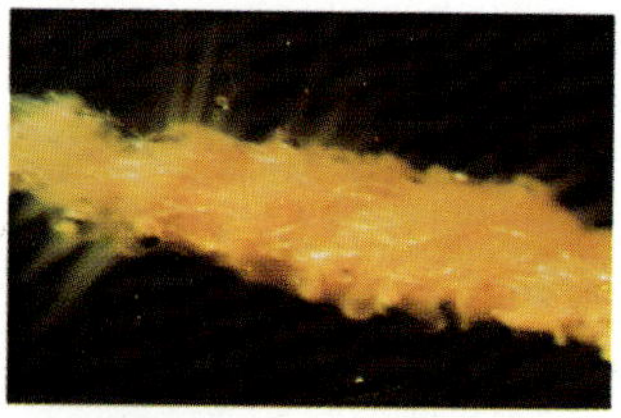

Abb. 54.2. Das Eigelb beginnt sich aufzulösen

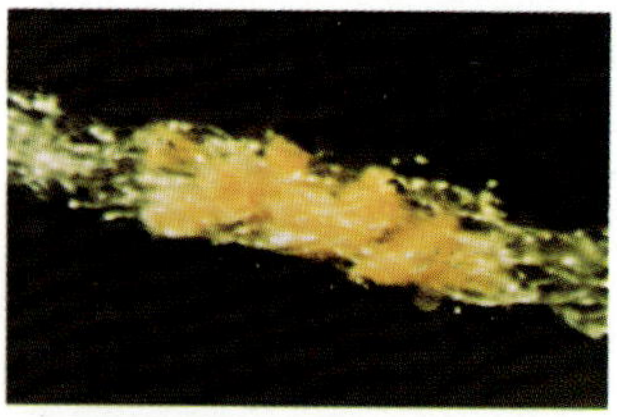

Abb. 54.3. Es lösen sich größere Eigelbpartikel ab

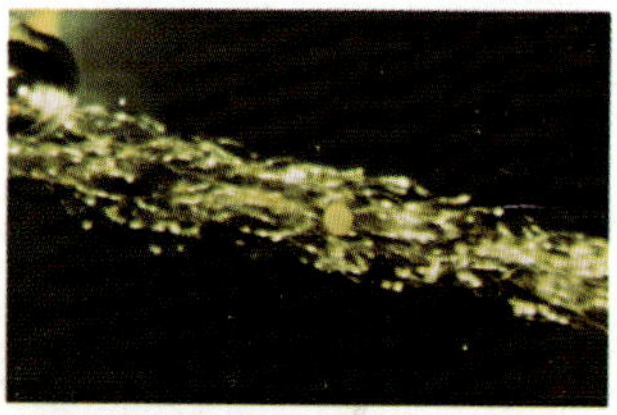

Abb. 54.4. Der Waschvorgang ist nahezu abgeschlossen

Die Härte eines Wassers wird in Deutschen Härtegraden °d angegeben, wobei 1 °d dem Gehalt von 10,0 mg CaO in 1 l Wasser entspricht.
Beurteilung der Wasserhärte:

0° bis 4° d sehr weich (Wasser aus Gebieten mit Urgestein wie Granit, Basalt)
4° bis 8° d weich
8° bis 12° d mittelhart (Buntsandsteingebiete)
12° bis 18° d ziemlich hart
18° bis 30° d hart (aus mittleren Gips-Keuper- und Juraformationen)
$>30°$ d sehr hart (aus Kalk-, Gips-, Dolomitgebieten)

Versuch

9. Bestimmung der Wasserhärte:
20 ml einer Wasserprobe werden mit 20 ml destilliertem Wasser verdünnt und mit 3 Tropfen Phenolphthaleinlösung versetzt. Je nach Reaktion des Wassers wird mit HCl ($c = 0{,}1$ mol/l) oder NaOH ($c = 0{,}1$ mol/l) auf schwache Rosafärbung eingestellt. Aus einer Meßbürette (10 ml) wird Seifenlösung nach *Boutron-Boudet* zunächst in Portionen von 0,2 ml unter kräftigem Schütteln zugegeben. Dies wird so lange fortgesetzt, bis sich ein mindestens 3 Minuten lang beständiger Schaum gebildet hat. Danach wird die Seifenlösung nur noch tropfenweise zugefügt. Das Ende der Titration ist daran zu erkennen, daß die Seifenblasen nicht mehr knisternd („Seltersflaschengeräusch") zerplatzen. Berechnung: 2,4 ml Seifenlösung nach *Boutron-Boudet* entsprechen 12,3 °d.
Statt Seifenlösung nach *Boutron-Boudet* kann auch alternativ Kaliumpalmitatlösung (z.B. von Merck) von der Konzentration $c = 0{,}1$ mol/l verwendet werden.

11.3. Waschvorgang

Versuch

Berußte Baumwolltücher werden über die Öffnung von Bechergläsern gespannt. Anschließend wird durch die Tücher a) Leitungswasser und b) Seifenlösung gegossen.

Die Konzentration an grenzflächenaktiven Seifenanionen kann zum Waschen weitgehend optimal eingestellt werden, wenn man für weiches, Ca^{2+}-Ionen-freies Wasser und die Einhaltung eines alkalischen Milieus sorgt. *Henkel's Bleichsoda,* im Jahre 1878 als erstes Markenwaschmittel hergestellt, enthielt daher als Zusatz Natriumcarbonat und Natriumsilicat (Wasserglas): Ca^{2+}- und Mg^{2+}-Ionen wurden ausgefällt; der pH-Wert lag im stark alkalischen Bereich.
Beim Waschvorgang müssen wasserunlösliche Wäscheanschmutzungen von den Textilfasern abgelöst werden. Diese Verschmutzungen bestehen größtenteils aus bei Zimmertemperatur flüssigen Fetten und festen Pigmenten wie Ruß oder anorganischen Oxiden. Die Herabsetzung der Grenzflächenspannung durch die Seifenanionen an den Phasengrenzen führt zur **Benetzung** und verringert dadurch die mechanische Arbeit, die zur Ablösung eines an der Gewebeoberfläche haftenden Schmutzpartikels erforderlich ist. Die anschließende **Umnetzung** führt zu stabilen **Schmutzemulsionen:** die nach außen gerichteten Ladungen der Seifenanionen verhindern ein Zusammenlagern der Schmutzpartikel, die somit in der Waschlösung schweben bleiben. Auch das Wiederaufziehen von Schmutzteilchen auf die Fasern wird hierdurch unterbunden.

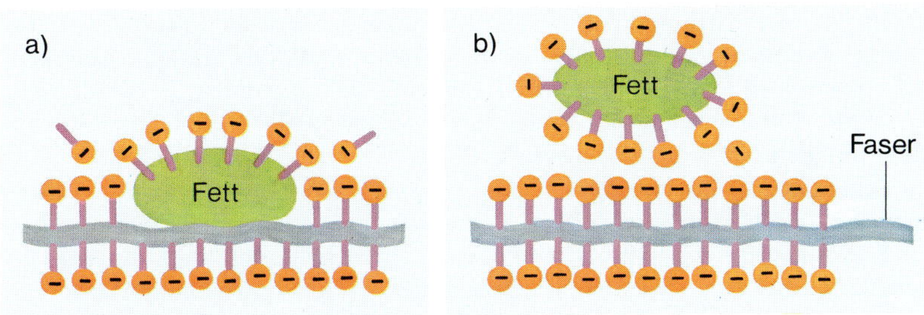

Abb. 55.1. Ablösen einer Fettverschmutzung von einer Faser

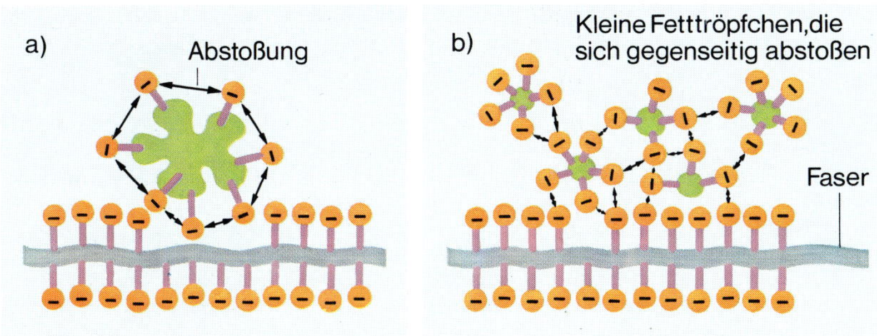

Abb. 55.2. Zerbrechen der Schmutzpartikel

Abb. 55.3. oben: schmutzverkrustetes Gewebe, unten: sauberes Gewebe

Bei näherer Betrachtung ist der Waschvorgang jedoch wesentlich komplexer als dieses einfache Modell. Bei Verschmutzungen aus polaren Festkörpern, insbesondere Metalloxiden, laufen auch **Ionenaustauschvorgänge** an der Oberfläche der Schmutzpartikel ab. Dabei können z.B. OH^--Ionen gegen Seifenanionen ausgetauscht werden. Das verursacht eine genau gegensätzliche Orientierung der Seifenanionen. Durch höhere Tensidkonzentration kann sich jedoch noch eine zweite Adsorptionsschicht mit normaler Orientierung anlagern.

Aufgaben

1. Weshalb reagiert eine Natriumsilicatlösung alkalisch?
2. Was versteht man unter dem Begriff „Löslichkeitsprodukt"?

Tab. 55.1. Zusammensetzung von Wäscheverschmutzungen

	Anteil %	Entfernbarkeit
Kochsalz	15–20	wasserlöslich, leicht entfernbar
Pigmente: Ruß, anorganische Oxide, Carbonate	25–30	wasserunlöslich, schwer entfernbar
Harnstoff	5– 7	wasserlöslich, leicht entfernbar
Eiweiß (Hautschuppen)	20–25	wasserunlöslich, grobteilig, mehr oder weniger leicht entfernbar
Kohlenhydrate (Stärke, Faserreste)	20	
Fette, Glyceride, Fettsäuren, Wachse, Mineralöle (Kohlenwasserstoffe)	5–10	wasserunlöslich, schwer entfernbar

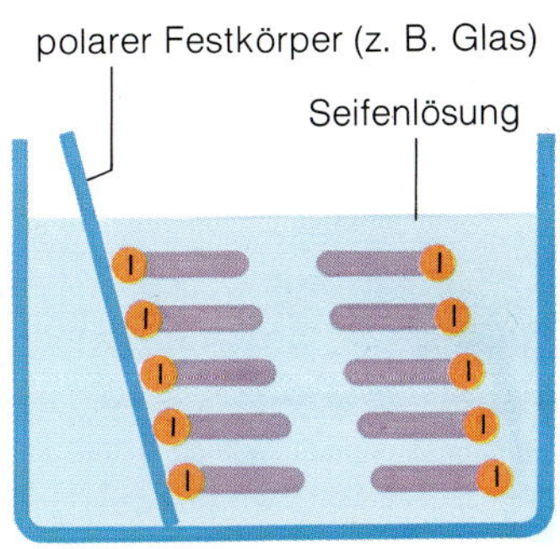

Abb. 55.4. Doppelte Adsorptionsschichten bei polaren Festkörpern

Ebenso kann es vorkommen, daß Verschmutzungen auf der Faser, z.B. Fettsäuren, mit Schwermetall-Ionen stark verkittet sind. Die starken ionischen zwischenmolekularen Kräfte müssen erst aufgehoben werden, bevor der geschilderte Ablösevorgang stattfinden kann. Mit normaler Seife ist dies jedoch nicht möglich.
Zu Beginn des 20. Jahrhunderts begann man diese Vorgänge genauer zu erforschen und nach **synthetischen Tensiden** zu suchen, welche die Eigenschaften der Seifen übertreffen sollten. Parallel dazu entwickelte sich auch die **Waschtechnik** von der Kesselwäsche zu den heutigen Trommelwaschautomaten.
Die Waschmittelchemie bleibt auch in Zukunft ein wichtiger Zweig der angewandten Chemie, der sich auf ständig wandelnde Anforderungen einstellen muß, die sich aus der Verwendung einer Vielzahl neuer synthetischer Fasern, stärkerem Hygienebewußtsein und verschärfter Waschmittelgesetzgebung ergeben.

Tab. 56.1. Einige wichtige Daten zur Entwicklung der Waschmittel und der Waschtechnik

1878	erstes Markenwaschmittel (*Henkel's Bleichsoda*)	Kesselwäsche
1907	Vollwaschmittel (Seife + Natriumcarbonat + Natriumsilicat + Natriumperborat)	Holzbottich-Waschmaschine
1933	Feinwaschmittel (Tenside + Natriumdiphosphat + Magnesiumsilicat)	Wellenrad- und Waschflügelwaschmaschinen
1950	optische Aufheller	
1957	Schauminhibitoren	Trommel-waschmaschinen
1960	Pentanatriumtriphosphat-Zusatz	
1964	biologisch abbaubare Tenside	
1970	Enzyme, 60 °C-Waschmittel	
1975	Gesetz über die Umweltverträglichkeit von Wasch- und Reinigungsmitteln	
1976	Gesetz über die Deklaration der Waschrohstoffe	

12. Aufbau und Herstellung der Tenside

Erforderliche Kenntnisse und Fähigkeiten

Wichtige Substanzklassen der organischen Chemie wie Ester, Ether, Sulfonate; Bedeutung des Erdöls für die organische Chemie; wichtige Reaktionen der organischen Chemie wie z.B. Substitution von Aromaten, Veresterung.

Moderne Tenside lassen sich nach ihrem Aufbau in **ionogene Tenside** und **nicht-ionogene Tenside** einteilen. Zur ersten Gruppe gehören Verbindungen, die aus einem langkettigen hydrophoben Alkylrest und einem geladenen hydrophilen Teil aufgebaut sind.

12.1. Aniontenside

Versuche

1. Eine etwa 1%ige Lösung eines Alkylbenzolsulfonats wird tropfenweise mit verdünnter Calciumchloridlösung („hartes Wasser") versetzt und geschüttelt.
2. In einem Reagenzglas wird 1 ml n-Dodecylalkohol mit 1 ml konzentrierter Schwefelsäure einige Minuten im siedenden Wasserbad erwärmt. Danach wird die Lösung durch Eingießen in einen Erlenmeyerkolben mit etwa 250 ml Wasser verdünnt und mit verdünnter Natronlauge neutralisiert. Anschließend wird eine Schüttelprobe gemacht.

Aniontenside sind den Seifen analog. Sie enthalten anstelle der Carboxylgruppe meist eine **Sulfonsäure**-Gruppe, die keine schwerlöslichen Calciumsalze bildet. Dadurch bleibt die Waschwirkung auch in hartem Wasser erhalten.
Typische Vertreter dieser Gruppe sind **Alkylbenzolsulfonate,** wobei der Alkylrest verzweigt oder unverzweigt sein kann.

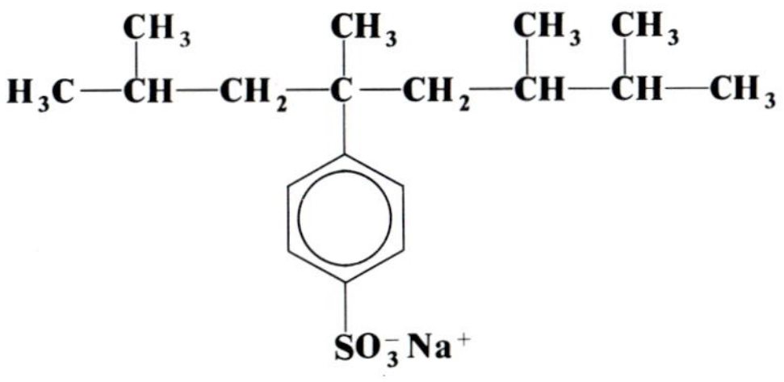

verzweigtes Alkylbenzolsulfonat

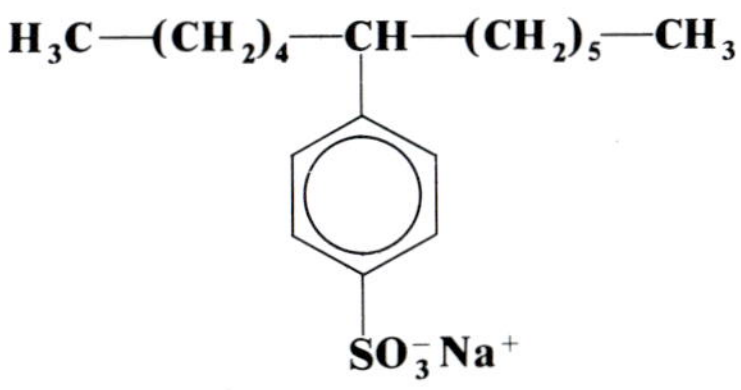

lineares Alkylbenzolsulfonat

Tetrapropylensulfonat war in den sechziger Jahren das wichtigste Tensid (z.B. in *Persil, Sunil* enthalten). Die verzweigte Struktur macht es jedoch zu einem biologisch schwer abbaubaren, „harten" Tensid. Das 1. Detergentiengesetz von 1961 verlangt jedoch biologisch abbaubare, „weiche" Tenside. Diese Forderung wird durch „lineare Alkylbenzolsulfonate" erfüllt, die auf absehbare Zeit die wichtigste Tensidgruppe darstellen.

Aufgaben

1. Erkläre den Unterschied zwischen einem „Sulfonat" und einem „Sulfat".
2. Formuliere die Gleichung für die Reaktion bei V2.

Fettalkoholsulfate *(„Fewa")* gehören auch in die Gruppe der Aniontenside. Wegen ihres vergleichsweise hohen Preises werden sie heute mehr für spezielle Waschmittel wie Spülmittel und Shampoos verwendet.

Aufbau der Fettalkoholsulfate $CH_3—(CH_2)_n—CH_2—O—SO_3^-Na^+$

12.2. Kationtenside

Versuch

Die Waschwirkung eines Kationtensids wird in hartem und weichem Wasser geprüft.

Diese Tensidgruppe trägt gegenüber der Seife eine umgekehrte (positive) Ladung, was zu dem Namen **„Invertseife"** führte. Als Waschmittel haben Kationtenside keine größere Bedeutung, da das Waschvermögen gegenüber Aniontensiden geringer ist. Sie besitzen jedoch ein außergewöhnlich großes Aufziehvermögen und verleihen vor allem Baumwolle und Cellulosefasern einen weichen Griff. Ihr chemischer Aufbau entspricht einer **quartären Ammoniumverbindung,** z.B.

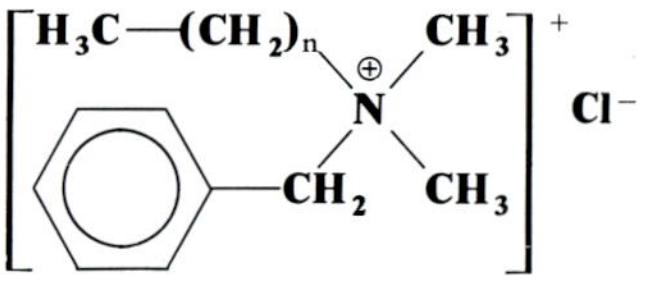

Zefirol®

12.3. Ampholyte

Ampholyte enthalten sowohl anionische als auch kationische Gruppen in demselben Molekül. Wie die Aminosäuren haben sie damit eine **Betaïn-Struktur.**[1]

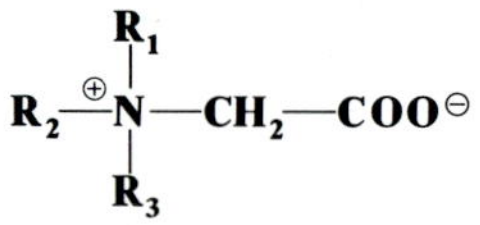

Betaïn-Struktur

Wird die Carboxylgruppe durch eine Sulfogruppe ersetzt, entstehen weniger härteempfindliche **Sulfo-Betaïne.**

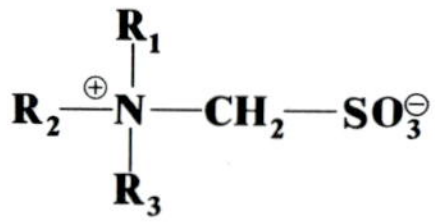

Sulfo-Betaïn

Sie werden in Shampoos und Schaumbädern verwendet. Ihr hoher Preis verhindert die Verwendung als Waschmittel.

Aufgaben

1. Welche Nettoladung[2] trägt ein Tensid mit Betaïn-Struktur in saurer Lösung, welche in alkalischer Lösung?
2. Sind Eiweiße oberflächenaktiv?

[1] Betaïn kommt nur in einer *zwitterionischen* Struktur vor; man nennt daher zwitterionische Formeln Betaïn-Strukturen.

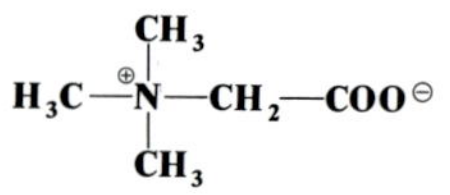

Strukturformel von Betaïn, einem Produkt des Proteinstoffwechsels

[2] Nettoladung = Summe der positiven und negativen Ladungen im Molekül.

12.4. Nicht-ionische Tenside

Bei dieser Tensidklasse handelt es sich hauptsächlich um Derivate von Polyglycolethern:

$$CH_3{-}(CH_2)_n{-}CH_2{-}\overline{\underline{O}}{-}CH_2{-}CH_2{-}\overline{\underline{O}}{-}CH_2{-}CH_2{-}\overline{\underline{O}}{-}CH_2{-}CH_2{-}\overline{\underline{O}}{-}H$$

Der Polyetherteil hat hydrophile Eigenschaften, da die Ethergruppe im Wasser hydratisiert werden kann. Diese Tenside besitzen auch bei niedrigen Temperaturen gute Waschwirkung und werden daher vor allem als Synthetik-Waschmittel bis 60 °C hergestellt.
Eine Übersicht über die Anordnung verschiedener Tensidtypen an einer Phasengrenzfläche zeigt die Abb. 59.1.

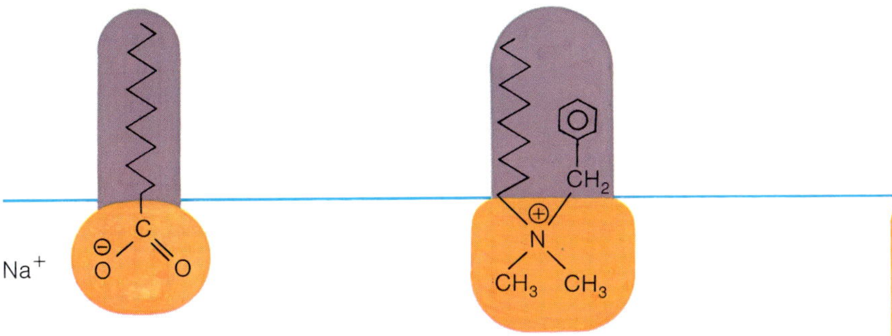

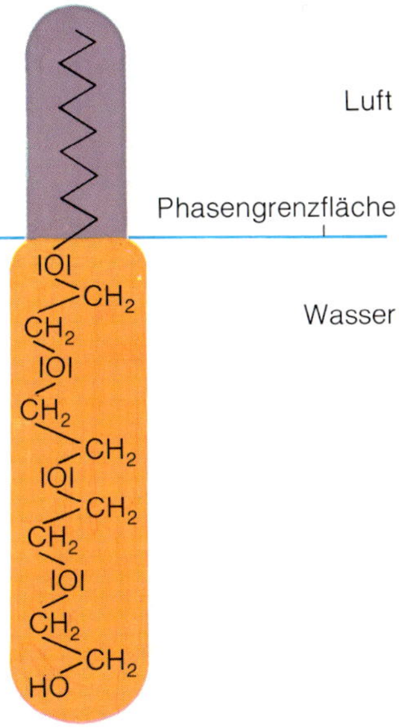

Abb. 59.1. Orientierung verschiedener Tensidtypen an einer Phasengrenzfläche

12.5. Großtechnische Tensid-Herstellung

Die Rohstoffbasis ist von entscheidender Bedeutung für alle großtechnischen Verfahren zur Tensidherstellung. In der Bundesrepublik basierte z.B. die Herstellung petrochemischer Primärprodukte im Jahre 1974 zu 95% auf Erdöl. In Europa ist Rohbenzin das wichtigste durch die Erdölraffination zur Verfügung stehende Produkt. Durch Spaltung gewinnt man daraus Olefine wie Ethen, Propen, Buten und Aromaten wie Benzol, Toluol, Xylol. Der **Rohbenzinverbrauch** der chemischen Industrie betrug im Jahre 1974 13,5 Mio. t, was einem **Erdöleinsatz**[1] von 60 bis 70 Mio. t entspricht.

[1] Bei der Destillation von Erdöl fällt nur ca. 20% als Rohbenzin an.

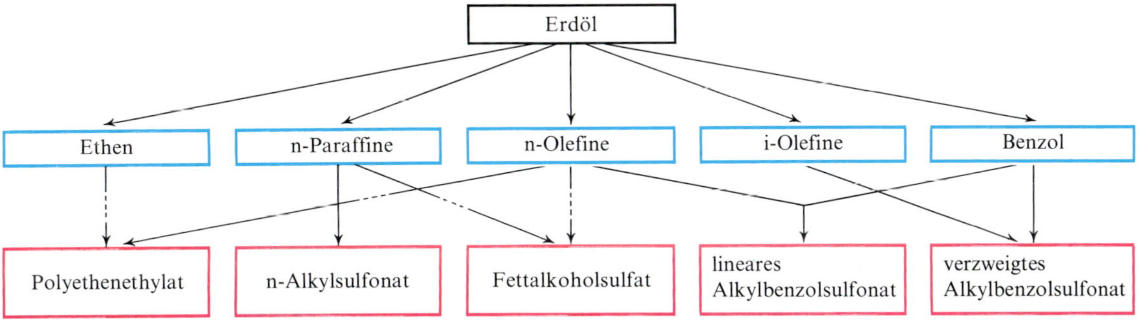

Abb. 59.2. Herstellungsrouten wichtiger Tensidtypen

Die **Herstellungsrouten** der wichtigsten Tenside sind in dem Schema (Abb. 59.2.) angeführt. Die einzelnen Zwischenprodukte stehen dabei in einem empfindlichen Gleichgewicht zueinander; wird z.B. Benzol in verstärktem Maß für die Treibstoffproduktion als Antiklopfmittel benötigt, weil die Gesetzgebung stark verbleites Benzin verbietet, verknappt sich das Angebot an Benzol für die Waschmittelherstellung. Als Folge könnte sich die Umstellung der Tensidproduktion etwa in Richtung auf die n-Alkylsulfonate als notwendig erweisen. Die Reaktionsarten zur Herstellung einzelner Tensidtypen entsprechen den in der organischen Chemie üblichen Umsetzungen. Am Beispiel der Synthese linearer Alkylbenzolsulfonate sei dies näher ausgeführt:

Die benötigten n-Olefine werden von den verzweigten i-Olefinen aus der Spaltgasfraktion des Erdöls durch Molekülsiebe abgetrennt (die linearen n-Olefine „passen“ in die Hohlräume des Molekülsiebs, die verzweigten i-Olefine passen nicht!).

Die Umsetzung mit Benzol verläuft wie eine **Friedel-Crafts-Alkylierung**[1] eines Aromaten in Gegenwart von Säuren als Katalysator. Unter den Reaktionsbedingungen treten Isomerisierungen der Doppelbindung des Olefins auf, so daß der Benzolrest statistisch verteilt an verschiedenen Kohlenstoffatomen des Alkylrestes gebunden sein kann.

$$\text{Benzol} + \text{n-Olefin} \xrightarrow[\text{Alkylierung}]{\text{Friedel-Crafts-}} \text{Gemisch von Alkylbenzolen}$$

Die anschließende Sulfonierung führt zur Alkylbenzolsulfonsäure, die mit Natronlauge umgesetzt das Endprodukt Alkylbenzolsulfonat ergibt.

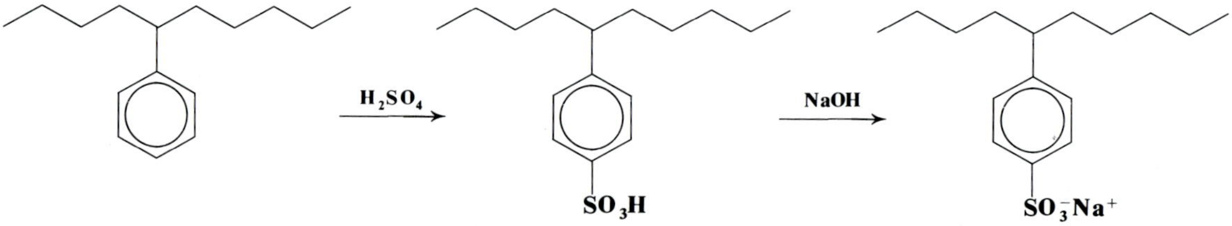

Alkylbenzol — Alkylbenzolsulfonsäure — Alkylbenzolsulfonat

Aufgabe

Verfolge den Weg vom Erdöl zum Fettalkoholsulfat in Abb. 59.2. Beschreibe, wie die einzelnen Reaktionsschritte ausgeführt werden könnten.

---

[1] Auch *Alkene* reagieren nach diesem Reaktionstyp.

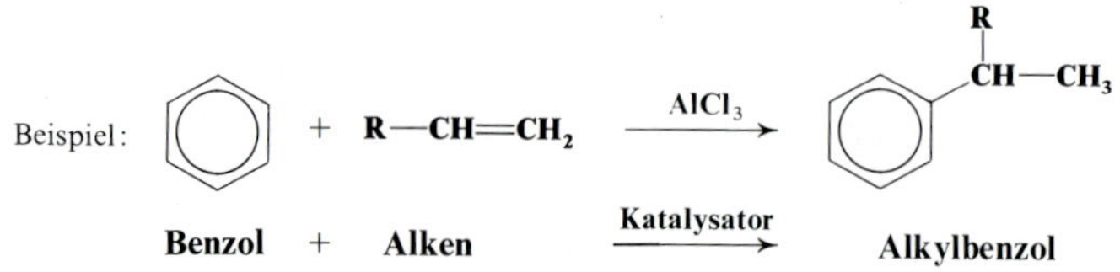

13. Zusammensetzung moderner Waschmittel

Erforderliche Kenntnisse und Fähigkeiten

Komplexometrische Titration; Farbigkeit und Farbe; Farbmischung; Eigenschaften und Wirkungsweise von Enzymen.

13.1. Waschmittelverstärker

Versuche

1. Eine Seifenlösung wird solange mit verdünnter Calciumchloridlösung versetzt, bis die Probe beim Schütteln nicht mehr schäumt. Nun wird eine große Spatelspitze Dinatrium-ethendiamintetraacetat (Titriplex III®) zugegeben und erneut geschüttelt.

2. Bestimmung der Wasserhärte durch komplexometrische Titration. 100 ml Wasserprobe werden mit einer Indikatorpuffertablette (Merck) und ca. 2 ml 25%iger Ammoniaklösung versetzt. Anschließend wird mit Titriplexlösung A (Merck) aus der Meßbürette bis zum Farbumschlag von rot nach grün titriert.
Auswertung: 1 ml Titriplexlösung A zeigt 5,6 °d Härtegrade an.

Moderne Waschmittel enthalten außer Tensiden noch eine Vielzahl anderer Bestandteile, die den komplexen Waschvorgang unterstützen sollen. Die **Waschmittelverstärker** oder **„Builder“** nehmen dabei einen wichtigen Platz ein. Sie sollen das Waschvermögen von Seifen und Tensiden erhöhen.
Zu diesem Zweck wurden bereits in den fünfziger Jahren **Komplexbildner** wie Natriumdiphosphat eingesetzt, das später durch Pentanatriumtriphosphat abgelöst wurde. Komplexbildner haben eine zentrale Bedeutung für den gesamten Waschprozeß.
Zunächst setzen Komplexbildner den Gehalt an mehrwertigen Metall-Ionen durch **Chelatbildung**[1] sehr stark herab. Das Ausfällen härteempfindlicher Seifen und Tenside wird dadurch verhindert. Wegen der hohen Komplexstabilität der Chelate werden die Inkrustationen von schwerlöslichen Metallseifen auf den Fasern aufgelöst.

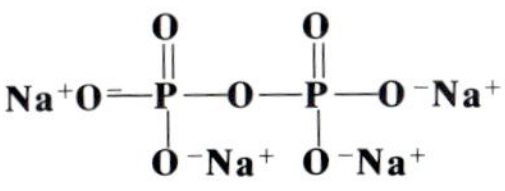

Tetranatriumdiphosphat

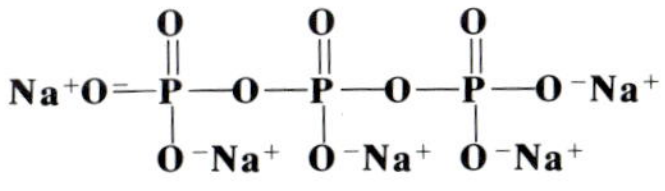

Pentanatriumtriphosphat

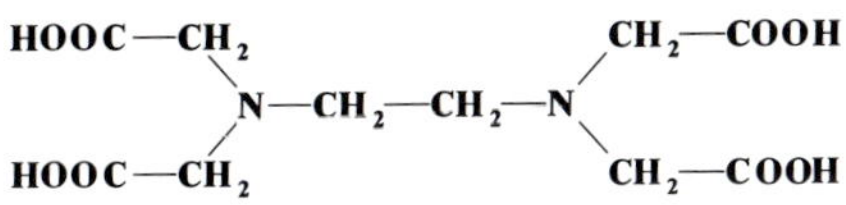

Ethendiamintetraessigsäure

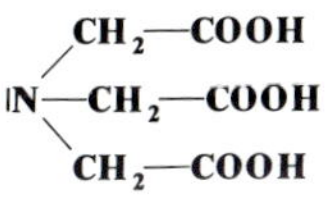

Nitrilotriessigsäure

Formeln einiger wichtiger Komplexbildner

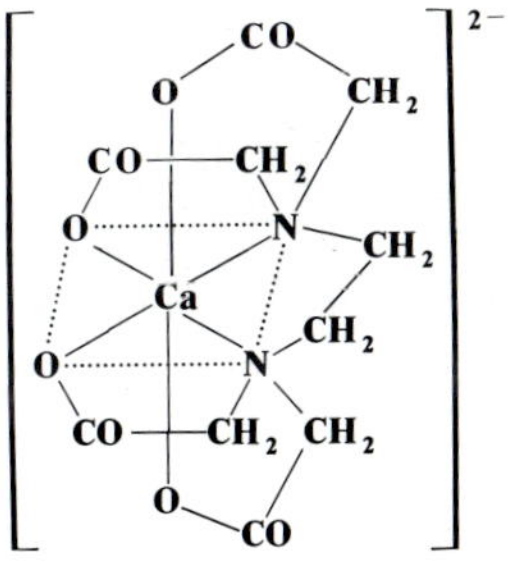

Calcium-Chelatkomplex

[1] von *chele* (griech.) = Hummerschere

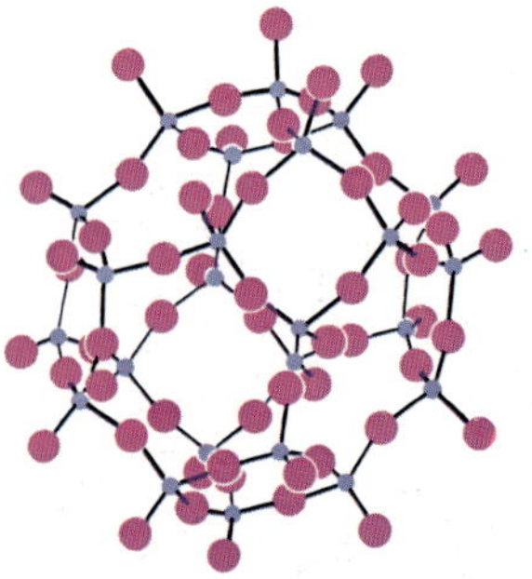

Abb. 62.1. Zeolith. In die Hohlräume können leicht Alkali- und Erdalkali-Ionen aufgenommen werden, ohne daß sich das Kristallgitter dabei verändert. Auch Abgabe und Austausch von Ionen ist möglich. Hierauf beruht die wasserenthärtende Wirkung der Zeolithe.

● = Sauerstoff
• = Silicium

Am Beispiel des Natriumtriphosphats zeigt sich, daß Waschmittelverstärker auch direkte günstige Wechselwirkungen mit den Tensiden selbst haben: durch den Elektrolyt-Effekt verbessert sich deren Waschvermögen durch Erhöhung der Grenzflächenaktivität (vgl. S. 53).
Außerdem führt die Adsorption von Natriumtriphosphat an Schmutzoberflächen dazu, daß ein Teil der Tensidmoleküle verdrängt wird und dadurch „für andere Aufgaben" frei wird; die Waschwirkung erhöht sich.
Trotz dieser sehr günstigen Eigenschaften von Pentanatriumtriphosphat sucht man weltweit nach Ersatzstoffen, da diese Verbindung stark zur Eutrophierung von oberflächennahen Gewässerschichten beiträgt. Parallel zur Entwicklung von weiteren geeigneten Komplexbildnern werden die Untersuchungen auch auf Ionenaustauscher ausgedehnt. Denkbar ist z.B. die Zugabe eines festen Ionenaustauschers in Form eines „Waschtuchs" aus Polyacrylsäure zur Wäsche. Dieses bindet die Calcium-Ionen und wird nach der Wäsche einfach wieder herausgenommen und vernichtet. Als weitere zukünftige Entwicklung kann auch die Verwendung von Zeolithen angeführt werden. Hierbei werden die Calcium-Ionen aus hartem Wasser in der Hohlraumstruktur des Kristallgefüges festgehalten. In der Erprobung befinden sich bereits einige Waschmittel mit solchen Phosphatersatzstoffen, die aus Aluminiumsilicaten („Sasil") bestehen.

13.2. Bleichmittel

Versuch

Nachweis von Oxidationsmitteln:
Indigolösung wird durch tropfenweise Zugabe von Natriumdithionit gerade eben entfärbt. Zu dieser Lösung wird ohne Umschütteln eine Spatelspitze Vollwaschmittel gegeben.

Bis zur Mitte des 19. Jahrhunderts war die Rasenbleiche (wobei feuchte Wäsche dem Sonnenlicht ausgesetzt wurde) das Mittel, um „Weiß" als äußeres Zeichen von Sauberkeit und Reinheit zu erzielen. Dabei konnten vor allem gelbliche Farbtönungen von weißem Gewebe oxidativ entfernt werden. Mit *Persil* (**Per**borat und **Sil**icat) kam im Jahre 1907 ein Waschmittel auf den Markt, das mit Natriumperoxoborat als Oxidationsmittel den gleichen Farbverunreinigungen chemisch zu Leibe rückte. Dabei werden chromophore Systeme irreversibel abgebaut. (Denkbar wäre auch eine reduktive Entfärbung eines Chromophors mit $NaHCO_3$ oder $Na_2S_2O_4$ gewesen. Erfahrungsgemäß werden reduktiv gebleichte Verbindungen unter dem Einfluß von Luft-Sauerstoff jedoch wieder farbig.)
Grundlage des Bleichvorgangs ist die Freisetzung von Wasserstoffperoxid, aus dem sich aktiver Sauerstoff entwickelt.

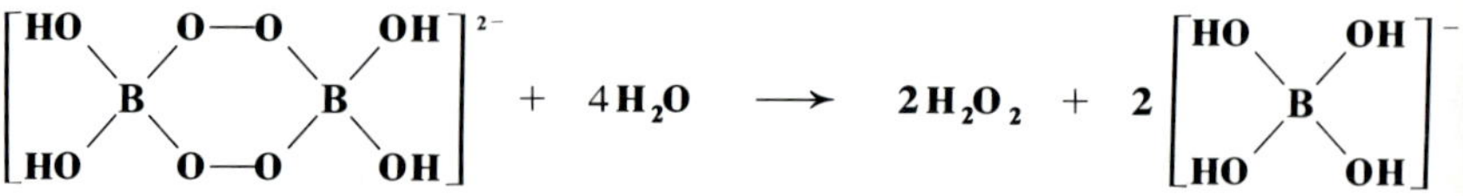

Peroxoborat Borat

$$2\,H_2O_2 \longrightarrow 2\,H_2O + O_2$$

Abb. 62.2. Kaliumaluminiumsilicat. Rasterelektronenmikroskopische Aufnahme

Die beste Bleichwirkung mit Perborat wird bei 60 °C erzielt; unterhalb dieser Temperatur müssen Aktivatoren zugesetzt werden, die den Zerfall katalysieren. (In Ländern, in denen geringe Waschtemperatur von 25–45 °C üblich ist, wie z.B. in Südeuropa, Naher Osten, Lateinamerika, wird Waschmitteln stattdessen NaOCl zugesetzt.) Stabilisatoren sorgen für eine gleichmäßige Entwicklung, um oxidative Faserschädigungen zu verhindern.

Aufgaben

1. Formuliere in einer Reaktionsgleichung die Freisetzung von aktivem Sauerstoff aus Hypochlorit.
2. Welche oxidative Schädigung könnte man bei schwefelhaltigen Fasern, z.B. Wolle, erwarten?

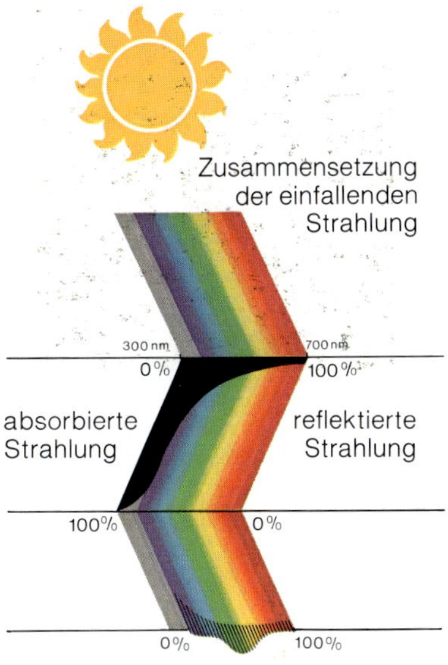

Abb. 63.1. Wirkungsweise von Weißtönern

13.3. Weißtöner (optische Aufheller)

Versuch

Prüfung auf Weißtöner:
Baumwollgewebe wird in eine Waschmittellösung getaucht, einige Minuten darin bewegt und ausgewrungen. Nach dem Trocknen wird das Gewebe unter UV-Licht betrachtet und mit unbehandeltem Baumwollgewebe verglichen.

Mit geringen Mengen blauer Farbstoffe wie Ultramarin oder Indigocarmin kann durch **subtraktive** Farbmischung ein leichter Gelbstich in Weißwäsche verdeckt werden. Dieses „Wäschebläuen" wurde bereits Mitte des 19. Jahrhunderts durchgeführt.

Farbenmischung bei farbigen Lichtern (Additive Farbenmischung)

Farbenmischung bei Farbstoffen (Subtraktive Farbenmischung)

Heute werden zur Erzielung eines hohen Weißgrades den Waschmitteln **Weißtöner** zugesetzt. Darunter versteht man organische Verbindungen, die absorbiertes UV-Licht als Fluoreszenzlicht im sichtbaren Teil des Spektrums wieder abstrahlen. Durch **additive** Farbmischung erhalten gelbstichige Fasern ein etwas blaustichiges Weiß, das vom menschlichen Auge als besonders weiße Farbnuance (Slogan „weißer als weiß") empfunden wird (vergleiche schematische Darstellung). Gegenüber dem Wäschebläuen nimmt dabei die Helligkeit des Waschgutes zu, statt ab.

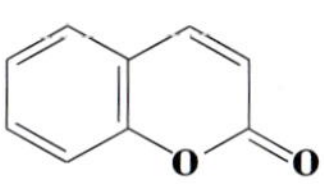

Cumarin

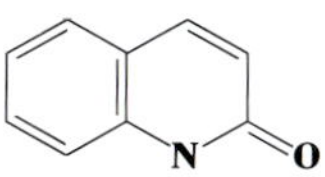

Chinolon

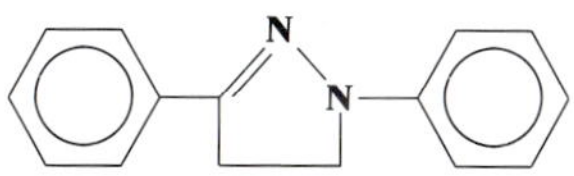

Diphenylpyrazolin

Molekülgerüste von Weißtönern

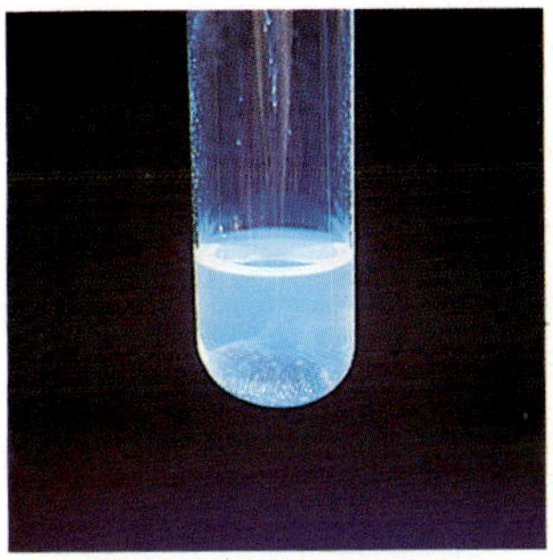

Abb. 63.2. Weißtönerlösung unter UV-Licht

Abb. 64.1. Ein Wäschestück, behandelt mit einem optischen Aufheller, leuchtet unter UV-Bestrahlung

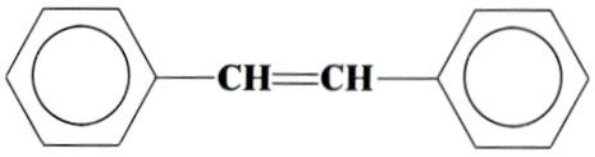

Stilben

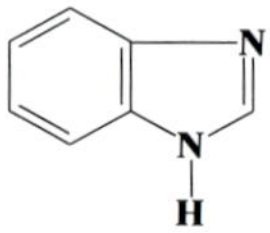

Benzimidazol

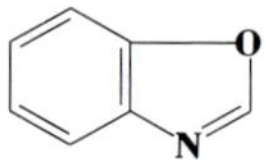

Benzoxazol

Molekülgerüste von Weißtönern

Der erste Weißtöner war **Äsculin,** ein blaufluoreszierendes Glycosid des 6,7-Dihydroxycumarins aus Roßkastanienrinde. Heute basieren handelsübliche Weißtöner auf den Grundstrukturen Stilben, Cumarin, Chinolon, Diphenylpyrazolin und Benzimidazol- oder Benzoxazolderivaten. Seitengruppen in den Molekülgrundgerüsten sorgen dafür, daß die Weißtöner wasserlöslich sind und auf die verschiedenen Textilfasern aufziehen können.

Aufgabe

Betrachte die Strukturformel von Blankophor B. Gib an, welches **Molekülgrundgerüst** vorliegt! Sage voraus, auf welche der folgenden Fasern dieser Weißtöner aufzieht: Polyester, Baumwolle, Polyacrylnitril, Nylon.

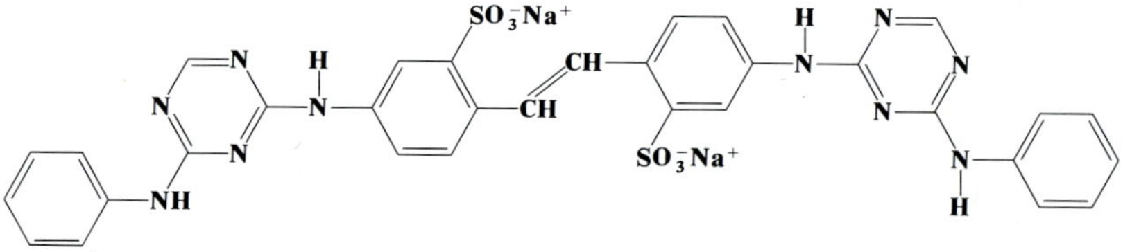

Blankophor B

13.4. Schaumregulierende Stoffe

Versuch

Eine Tensidlösung wird zu einem kräftigen Schaum aufgeschüttelt. Anschließend gibt man einen Tropfen Seifenlösung hinzu.

Bei modernen Trommelwaschmaschinen und Geschirrspülautomaten ist die Schaumregulierung mitentscheidend für das Waschergebnis. Starke Schaumentwicklung kann zu erheblichen Verlusten an waschaktiven Substanzen durch Überschäumen führen. Außerdem bremst starke Schaumentwicklung die mechanische Bewegung des Waschguts. Seifen haben daher auch in modernen Waschmitteln noch ihren Platz, da sie schaumdämpfend wirken, vor allem Seifen der Behensäure[1]. Auch Siliconöle (z.B. als Zusatz beim Destillieren von stark schäumenden Substanzen wie Styrol!) und Trialkylmelamine eignen sich hierzu sehr gut.

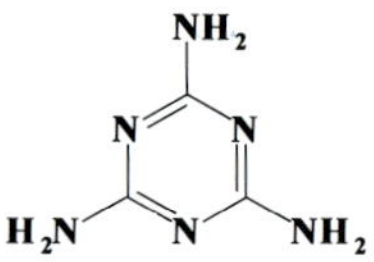

Melamin

$CH_3-(CH_2)_{20}-COOH$

Behensäure

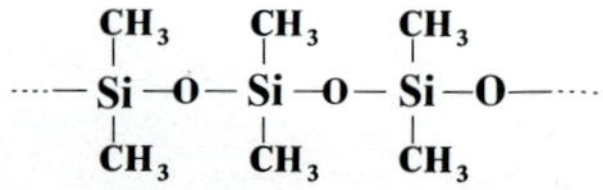

Siliconölgrundgerüst

Strukturformeln schaumregulierender Stoffe

[1] Beim Verwenden eines schäumenden Badezusatzes ist die zusätzliche Benützung einer Seife eher hinderlich.

13.5. Faserschutzstoffe, Vergrauungsschutzstoffe, pH-Regulation

Faser- und Vergrauungsschutzstoffe verhindern, daß der abgelöste Schmutz wieder auf die Fasern aufzieht und dadurch die Wäsche „vergraut". Dazu eignet sich z.B. **Carboxymethylcellulose.**
Die optimale pH-Einstellung für den Waschvorgang bewirken Alkalisilicate.

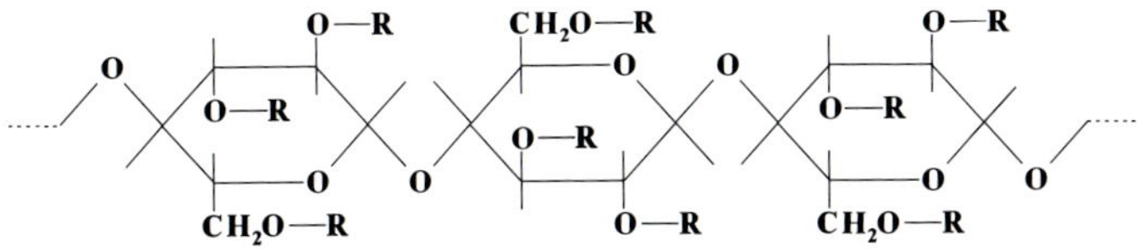

Ausschnitt aus der Molekülkette der Carboxymethylcellulose. Die einzelnen OH-Gruppen der Glucosemoleküle in der Kette sind mit der Carboxymethyl-Gruppe verethert. **R = $-CH_2COOH$**

Aufgabe

Warum eignet sich Carboxymethylcellulose als Schutzkolloid?

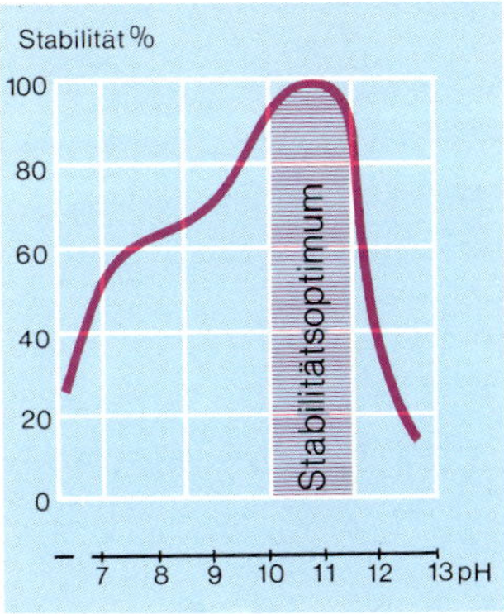

Abb. 65.1. Die Stabilität von proteolytischen Enzymen aus Bakterien in Abhängigkeit vom pH-Wert

13.6. Enzyme

Versuche

1. Einige Spatelspitzen Alkalase (oder enzymhaltiges Waschmittel) werden mit einigen ml Wasser zu einem Brei angerührt. Diese Probe wird halbiert: eine Hälfte wird kurz aufgekocht, die andere Hälfte wird ungekocht verwendet.
2. Unverdünntes Hühnereiweiß wird in kleine Bechergläser gegeben und mit ungekochter bzw. gekochter Alkalaselösung versetzt. Nach 15minütigem Aufbewahren im Wasserbad von 60 °C werden die Viskositäten der beiden Eiweißproben verglichen.

Dem normalen Waschvorgang gegenüber sehr hartnäckige Verschmutzungen wie z.B. Milch-, Kakao-, Eigelb- oder Blutflecken werden von Enzymen abgebaut. Enzymhaltige Einweich- und Vorwaschmittel gibt es bereits seit 1913 *(„Burnus")*. Dazu wurden proteolytische[1] Enzyme aus Pankreas-Extrakten von Schlachttieren verwendet. Jedoch erst mit den proteolytischen Enzymen aus Bakterien gelang es Anfang der sechziger Jahre, die Forderungen nach hoher Alkaliresistenz (pH 10 bis pH 11) und Temperaturfestigkeit zu erfüllen. Bereits im Jahre 1969 waren in der Bundesrepublik rund 80% der Waschmittel mit Enzymzusätzen ausgerüstet. Dieser Anteil sank vorübergehend auf unter 50%, als sich bei Arbeitern in der Waschmittelproduktion allergische Reaktionen im Atmungstrakt zeigten. Die Verarbeitung der Enzyme mit Füllstoffen zu kugelförmigen „prills" verhindert heute, daß Enzyme als Staub in die Atemwege gelangen können. Mittlerweile hat sich die Verbreitung von enzymhaltigen Waschmitteln wieder auf das ursprüngliche Niveau eingependelt.
Das Beispiel Enzyme zeigt, daß Untersuchungen zur Verträglichkeit von Waschmittelbestandteilen von großem praktischen Interesse sind. Obwohl der weitaus größte Teil von Waschmitteln zum maschinellen Waschen verwendet wird, läßt sich der Kontakt mit der menschlichen Haut nicht immer vermeiden. Die Prüfung auf Hautverträglichkeit von Waschmittelbestandteilen ist daher sehr wichtig.

[1] Proteolytische Enzyme können Proteine abbauen. Von *protos* (griech.) = ursprünglich und *lysis* = Spaltung.

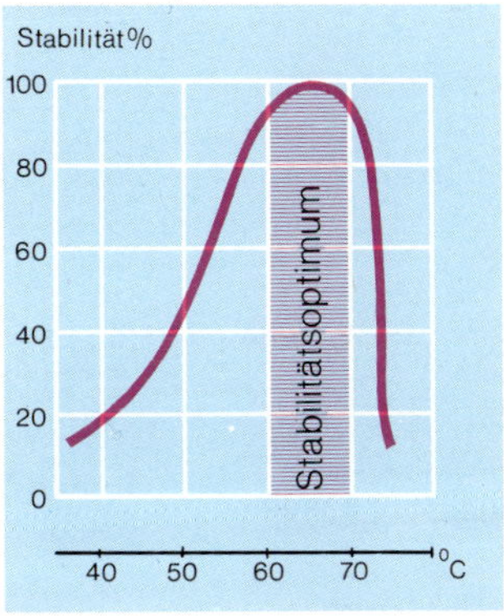

Abb. 65.2. Die Stabilität von proteolytischen Enzymen aus Bakterien in Abhängigkeit von der Temperatur

13.7. Die Waschmitteltypen

Die Zusammensetzung der Waschmitteltypen wird zusammenfassend in der Tab. 66.1. gezeigt. Nicht jedes Waschmittel eignet sich für jede Faserart und jeden Schmutz. Die Rezepturen nehmen Rücksicht auf die in der Wäsche zu erwartenden Faserarten und den komplexen Waschvorgang und stellen deshalb einen Kompromiß dar.
Außerdem können geringe Mengen von Zusatzstoffen wie Mikrobiozide, Duft- und Farbstoffe oder Rieselhilfen vorhanden sein, die zwar keinen Einfluß auf die Waschwirkung haben, jedoch die Konfektionierung von Waschmitteln vervollständigen. Eine Übersicht über die industriellen Fertigungsverfahren zur Waschmittelproduktion zeigt das Fließschema.

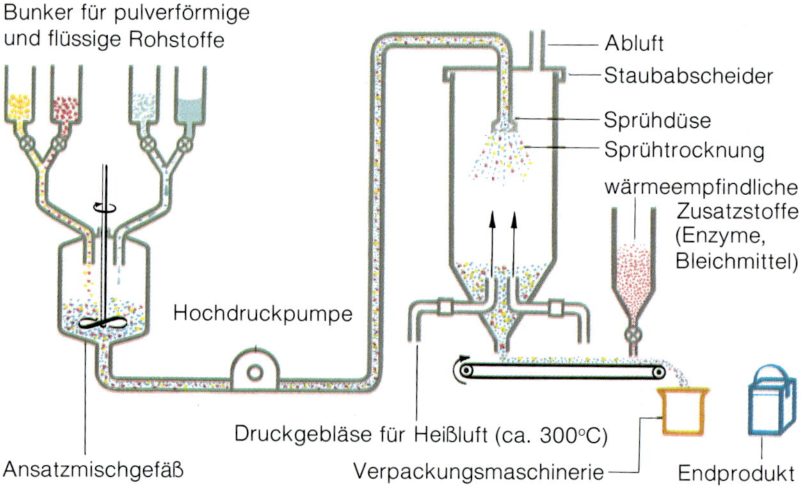

Abb. 66.1. Fließdiagramm zur Waschmittelherstellung

Aufgaben

1. Untersuche ein unbekanntes Waschpulver auf seine Zusammensetzung.
2. Erkläre die Bedeutung von Neutralsalzen (siehe Tab. 66.1.) für den Waschvorgang.

Tab. 66.1. Übersicht über die Waschmitteltypen

	Vollwaschmittel	60°-Waschmittel	Feinwaschmittel
Tenside	10% bis 25%	8% bis 15%	20% bis 30%
Seife	0% bis 10%	1% bis 5%	
Pentanatriumtriphosphat	20% bis 50%	40% bis 70%	10% bis 25%
Natriumperoxoborat	10% bis 25%	0% bis 20%	–
Wasserglas	3% bis 10%		
Carboxymethylcellulose	1% bis 2%	1% bis 3%	0% bis 1%
Weißtöner	0,1% bis 0,5%		–
Mg-Silicat	0% bis 3%		
Neutralsalze (z.B. Na_2SO_4)	5% bis 20%		30% bis 60%
Sonstige (Schaumregulierung, Enzyme, Farbstoffe, etc.)	0% bis 3%	Enzyme: 0,2% bis 0,8%	0% bis 5%
Wasser[1]	3% bis 12%		2% bis 6%

[1] Der Wassergehalt kommt durch hygroskopische Waschmittelbestandteile zustande.

14. Biologischer Abbau und Umweltbelastung

Erforderliche Kenntnisse und Fähigkeiten

Begriffe „Ökosystem", „Eutrophierung"; Herstellung und Verwendung von Phosphaten; Eigenschaften der Phosphate.

14.1. Wirkungen von Waschmitteln

Die weite Verbreitung von automatischen Waschmaschinen, der steigende Textilverbrauch und das erhöhte Hygienebewußtsein ließen den Waschmittelverbrauch stark anwachsen. In den sechziger Jahren wurde dabei durch die Schaumberge auf Flüssen und Seen unübersehbar, daß Waschmittel zunehmend Einwirkungen auf die natürliche Umwelt haben. Das Verhalten der Waschmittelbestandteile in Abwässern muß dabei im einzelnen genau untersucht werden, um mögliche Schäden für Trinkwasserqualität und Ökosysteme zu verhindern. Geeignete Testmethoden müssen entwickelt werden, um die Bestandteile in Gewässern qualitativ und quantitativ zu erfassen und die Einhaltung gesetzlicher Richtlinien für Höchstgrenzen zu überwachen. Detergentiengesetze legen auch Bestimmungen über biologische Abbaubarkeit und Nachweis der Unschädlichkeit aller Komponenten fest.

Biologischer Abbau kann zunächst im geschlossenen Flaschentest zur Ermittlung des **b**iochemischen **S**auerstoff**b**edarfs (BSB-Test) überprüft werden.

Toxische Wirkungen werden mit Testfischen und anderen Indikatororganismen durchgeführt. Da die Schädigung eines einzigen Organismus schädliche Auswirkungen auf das gesamte Ökosystem haben kann, müssen die Untersuchungen auf Vertreter von **Produzenten**-Organismen (z.B. Grünalgen), **Konsumenten**-Organismen (z.B. Zooplankton, Friedfische, Raubfische) und **Destruenten**-Organismen (Bakterien) ausgedehnt werden.

Einige **direkte** Wirkungen, die Waschmittel auf die Zusammensetzung der Populationen eines Ökosystems haben können, zeigt die Abb. 67.3. Zum Nachweis dafür, daß keine toxischen oder nicht abbaubaren Stoffwechselprodukte entstehen, müssen auch biochemische Abbauwege mit radioaktiv markierten Prüfsubstanzen untersucht werden. Dabei ist zu beachten, daß die Abbauwege in unterschiedlichen Organismen erheblich voneinander abweichen können!

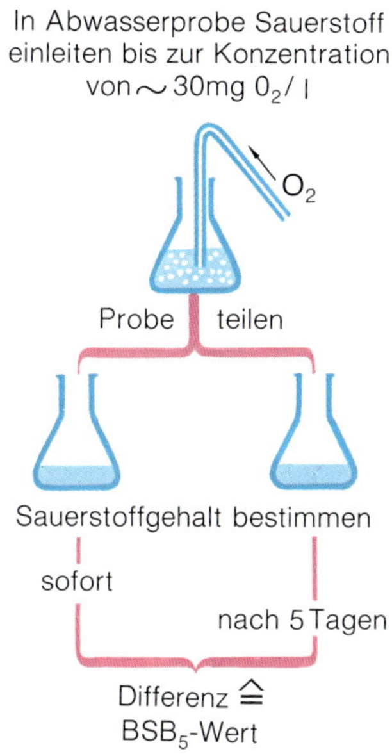

Abb. 67.1. Schematische Abbildung des BSB-Tests

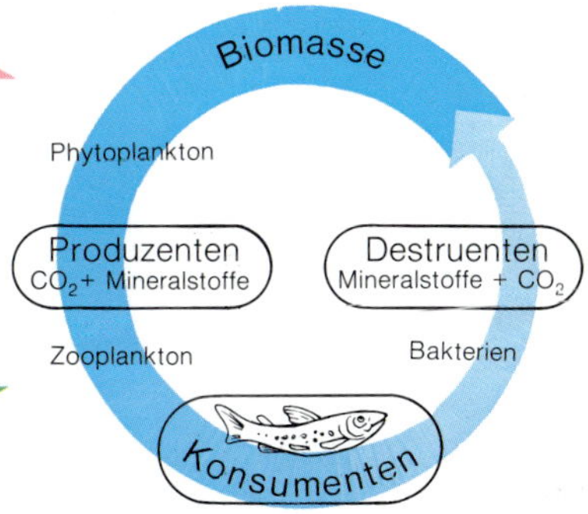

Abb. 67.2. Stoffkreislauf im Biotop Wasser

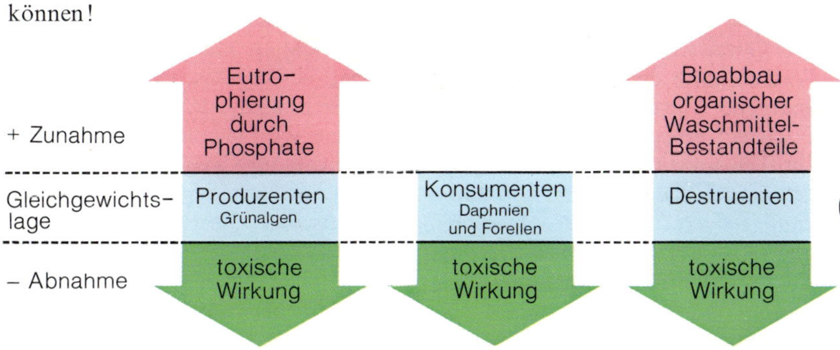

Abb. 67.3. Wirkungen von Waschmitteln auf ein Ökosystem

Für lineare Alkylbenzolsulfonate sind solche Abbauwege untersucht worden:

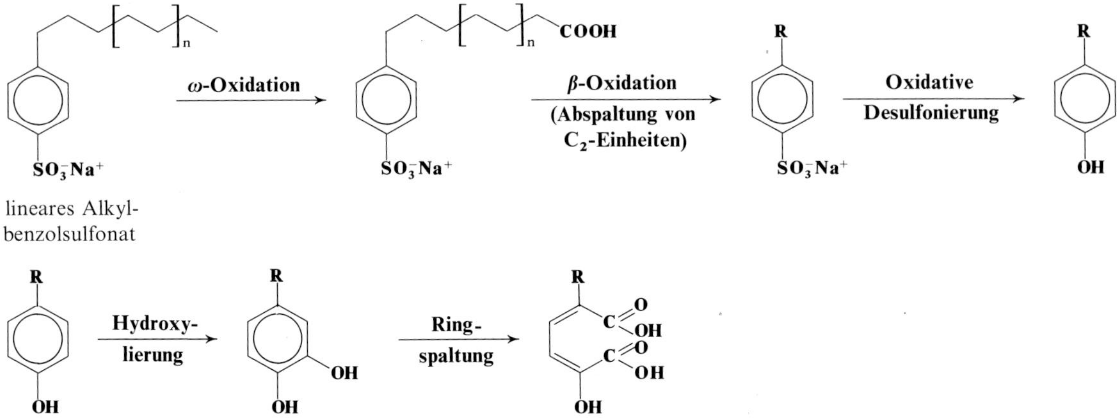

Kann eine Substanz in die vorhandenen biochemischen Abbauwege aufgrund von Strukturähnlichkeit mit natürlichen Substraten eintreten, ist sie biologisch abbaubar.

14.2. Eutrophierung

Im Zusammenhang mit dem Phosphatgehalt der Waschmittel ist der Begriff **Eutrophierung** bereits in den allgemeinen Sprachschatz eingegangen. Hohe Phosphatkonzentrationen können in langsam fließenden Gewässern zu einer Überdüngung mit stark vermehrtem Algenwachstum führen. Die massenhafte Algendichte wird als „Wasserblühen" sichtbar. Zwar wächst auch die Population von Zooplankton und Fischen, jedoch gerät das Ökosystem bald aus dem Gleichgewicht und überwiegend negative Auswirkungen stellen sich ein. Nach dem Absterben sinken die Algen aus den Wachstumszonen des Oberflächenwassers in tiefere Schichten ab. Hier werden sie unter Sauerstoffverbrauch von den Destruenten zersetzt.

Dadurch sinkt der Sauerstoffgehalt in den tiefen Schichten eines eutrophierenden Gewässers. Fehlt eine intensive Durchmischung mit sauerstoffreichem Wasser, kann der ursprünglich aerobe Abbau des organischen Materials in anaerobe Abbaureaktionen übergehen. Dadurch wird z.B. H_2S freigesetzt. Fischlaich erstickt und die Trinkwasserentnahme wird problematisch. In stärker fließenden Gewässern sind Eutrophierungsvorgänge weniger deutlich ausgeprägt, da hier die Nährstoffkonzentration keine so hohen Werte erreichen kann. Jedoch findet Eutrophierung auch in Küstengewässern, Meeresbuchten und selbst auf dem offenen Meer statt!

Aus Waschmittelverkaufszahlen, Einwohnerzahl im Einzugsgebiet eines Gewässers und Errechnung des Phosphatgehalts, der über die Nahrung in häusliche Abwässer gelangt, läßt sich der auf Waschmittel zurückzuführende Phosphatanteil bestimmen. Im Jahr 1972 gelangten insgesamt 1170 t Phosphor in den Bodensee. Davon stammten 470 t (oder 40%) aus Wasch- und Reinigungsmitteln.

Als weitere Phosphorquellen kommen noch in Frage: Industrieabwässer, Landwirtschaft (Bodenerosion, Düngemittelverluste, Exkremente der Haustiere) oder die Sedimente innerhalb eines Gewässers. (Die Phosphatrücklösung aus Sedimenten scheint für den hohen Phosphatgehalt des Vierwaldstätter Sees verantwortlich zu sein.)

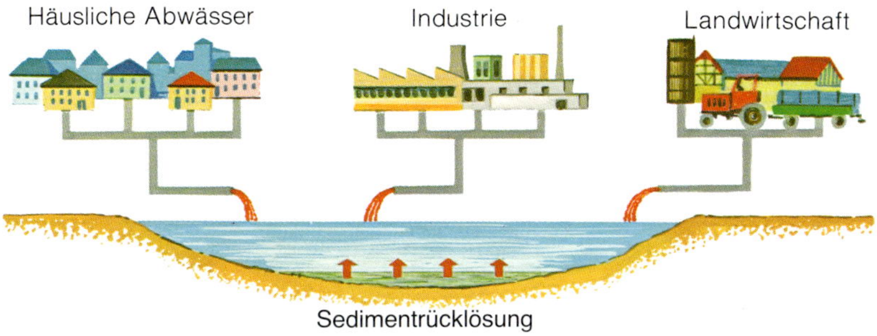

Abb. 69.1. Quellen des Phosphatgehalts eines Gewässers

Zur Kontrolle der Eutrophierung steht das Bemühen, den Phosphatgehalt der Abwässer zu senken, an erster Stelle. Dabei wird die Verringerung oder sogar Eliminierung des Phosphatgehalts der Waschmittel schon lange diskutiert. Das zieht jedoch Nachteile für die Waschwirkung nach sich. Das Problem ist durch die Verwendung von enthärtetem Wasser im Waschmaschineneinlauf nicht zu lösen, da mit der Wäsche in erheblicher Menge Erdalkalimetall-Ionen in Form von Schmutz und Inkrustationen eingeschleppt werden. Im Einzelfall kann dadurch die Wasserhärte in der Waschmaschine um 10°d bis 15°d zunehmen!

Als Phosphatersatz werden auch verschiedene andere organische Komplexbildner, hier vor allem Nitrilotriessigsäure (NTA), vorgeschlagen. Ihre toxikologischen und ökologischen Eigenschaften sind jedoch bislang noch nicht ausreichend untersucht. Insbesondere ist die Frage noch offen, ob Schwermetall-Ionen aus Flußsedimenten durch NTA aus Waschmitteln mobilisiert werden und dadurch in die Trinkwasserreservoire gelangen können.

Erfolgversprechender scheint es zu sein, die toxikologisch unbedenklichen Phosphate in den Waschmitteln zu belassen und die Eutrophierungsprobleme durch Phosphatausfällung in den Abwässern zu kontrollieren. Hierzu liegen auch bereits Erfahrungen aus Schweden vor, wo seit 1968 mehr als 500 Kläranlagen mit chemischer Phosphatfällung gebaut wurden. Die Ausgangskonzentration von Phosphat in Abwässern von 1,5–9 mg Phosphat/l kann so auf 0,02–0,5 mg Phosphat/l abgesenkt werden. Dadurch verbesserte sich die Wasserqualität der Gewässer (in Schweden zu 90% stehend oder langsam fließend) erheblich.

Zur Phosphatfällung werden im wesentlichen Aluminiumsulfat, Aluminiumchlorid, Calciumhydroxid, Eisensulfat oder Eisenchlorid verwendet. In allen Fällen bilden sich schwerlösliche Hydroxidphosphate, die als Flocken in großen Becken sedimentiert werden. Die chemische Fällung kann dabei als Vorfällung (im Vorklärbecken), als Direktfällung (wenn keine biologische Reinigungsstufe vorhanden ist) oder Nachfällung ausgeführt werden. Die Vorfällung entlastet die biologische Stufe. Mit der Nachfällung im gesonderten Becken werden die besten Ergebnisse erzielt, weil die Bedingungen zur Flockenbildung hier besonders gut eingehalten werden können. Man schätzt, daß die Phosphatfällung zusätzliche Kosten von 4,75 DM jährlich pro Einwohner verursachen dürfte.

In der Erprobung befinden sich bereits Waschmittel, deren Phosphatanteil teilweise durch Silicat ersetzt worden ist. Inwieweit diese Zusätze aber die Erwartungen erfüllen, muß die Zukunft zeigen.

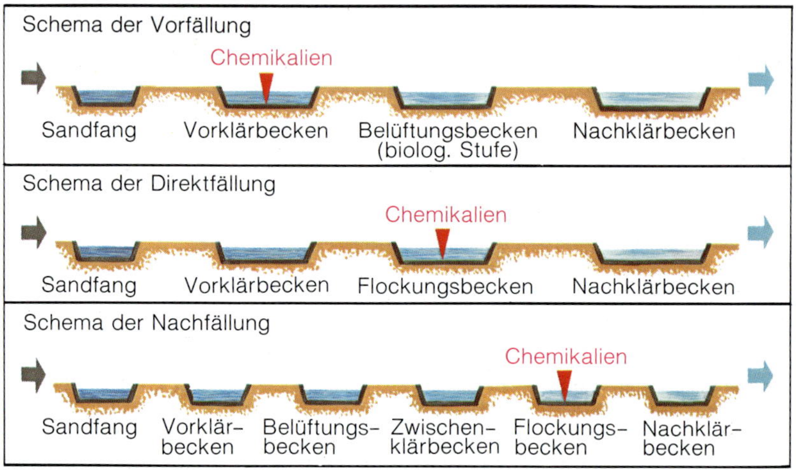

Abb. 70.1. Schematische Darstellung verschiedener Möglichkeiten zur Phosphatfällung in Kläranlagen

Aufgaben

1. Durch Reaktion von Ölsäure mit Hydroxyethylsulfonsäure entsteht eine Verbindung mit dem Handelsnamen Igepon A. Formuliere die Reaktion. Gib an, welche allgemeinen Eigenschaften Igepon A hat. Warum kann man Igepon A nicht in alkalischer Lösung verwenden?

2. Warum versagt die Seifenmethode zur Bestimmung der Wasserhärte nach *Boutron-Boudet* in Gegenwart von Polyphosphat?

3. Nimmt die Waschwirkung von Seifen mit wachsender Länge des Alkylrestes zu oder ab?

4. Betrachte die Formel von Glyco-cholsäure, einem Vertreter der Gallensäuren. Erkläre folgende Sachverhalte: Lösungen, die Gallensäuren enthalten, schäumen beim Schütteln. Gallensäuren wirken emulgierend auf Fette.

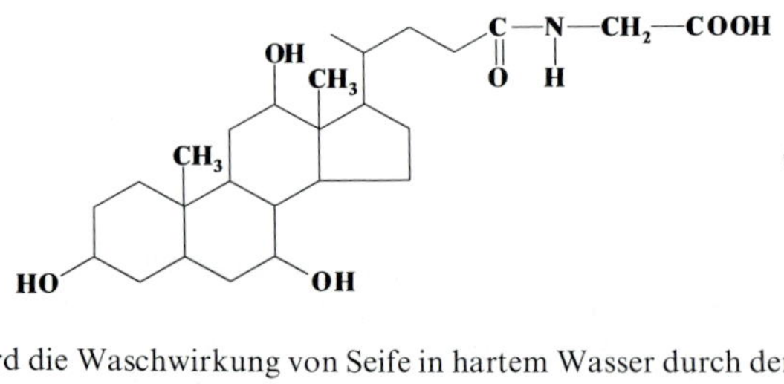

Glyco-cholsäure

5. Wird die Waschwirkung von Seife in hartem Wasser durch den Zusatz von Natriumcitrat verbessert oder verschlechtert? Begründe die Antwort!

15. Zusammenfassung

Grenzflächenaktive Substanzen, die Tenside, sind Hauptbestandteile der Waschmittel. Die Grenzflächenaktivität geht aus ihrem Aufbau aus hydrophoben und hydrophilen Molekülteilen hervor. Sie sind für den Waschvorgang unentbehrlich, da sie die Ablösung von Schmutzteilchen aus Geweben durch Benetzung und Umnetzung erleichtern und durch Bildung stabiler Schmutzemulsionen ein Wiederaufziehen der Schmutzteilchen auf die Fasern verhindern.

Nach ihrem chemischen Aufbau kann man Tenside in Aniontenside, Kationtenside, Ampholyte und Nichtionische Tenside einteilen. Den wichtigsten Platz nehmen die Aniontenside ein, von denen Seife historisch der älteste Vertreter ist. Die Empfindlichkeit der Seife gegenüber hartem Wasser und durch weiterentwickelte Waschtechnik gewandelte Anforderungen, z.B. an die Schaumbildung, haben zur Entwicklung vollsynthetischer Tenside geführt, die im Fall der Aniontenside meist die härteunempfindliche Sulfonsäuregruppe enthalten. Typische Vertreter sind heute die linearen Alkylbenzolsulfonate, die aus dem Erdöl leicht zugänglich sind. Im Gegensatz zu den ursprünglich verwendeten verzweigten Alkylbenzolsulfonaten sind sie biologisch voll abbaubar.

Neben Tensiden enthalten moderne Waschmittel noch Waschmittelverstärker wie z.B. Pentanatriumtriphosphat, Bleichmittel, Weißtöner, Schaumregulatoren, Faserschutzstoffe, Stoffe zur pH-Regulation und Enzyme. Der Phosphatgehalt hat dabei zu Umweltproblemen geführt, da er die Eutrophierung von Gewässern verursachen kann. Durch chemische Ausfällung der Phosphate in den Kläranlagen ist dieses Problem nach heutigem Wissen leichter beherrschbar als durch Suche nach Phosphatersatzstoffen in Waschmitteln, deren Langzeitwirkung in der Natur noch unbekannt ist.

Literatur

Henkel + Cie. (Hrsg.): Waschmittelchemie. Heidelberg 1976

Lehmann, H.J.: Moderne Waschmittel. Chemie in unserer Zeit 7, 82–89 (1973)

Rösler, H.: Seifen und Waschmittel. PRAXIS-Schriftenreihe Chemie, Band 30. Köln 1976

Stichwortverzeichnis